现代环境艺术设计与中国传统文化融合研究

龙绘锦 ◎ 著

图书在版编目（CIP）数据

现代环境艺术设计与中国传统文化融合研究 / 龙绘锦著. -- 湘潭 : 湘潭大学出版社, 2024.7
ISBN 978-7-5687-1373-3

Ⅰ. ①现… Ⅱ. ①龙… Ⅲ. ①环境设计－关系－中华文化－研究 Ⅳ. ① TU-856 ② K203

中国国家版本馆 CIP 数据核字（2024）第 042409 号

现代环境艺术设计与中国传统文化融合研究

XIANDAI HUANJING YISHU SHEJI YU ZHONGGUO CHUANTONG WENHUA RONGHE YANJIU

龙绘锦 著

责任编辑：丁立松
封面设计：熊猫读书
出版发行：湘潭大学出版社
社　　址：湖南省湘潭大学工程训练大楼
电　　话：0731-58298960 0731-58298966（传真）
邮　　编：411105
网　　址：http://press.xtu.edu.cn/
印　　刷：湖南旭诚印务有限公司
经　　销：湖南省新华书店
开　　本：787 mm×1092 mm 1/16
印　　张：11.25
字　　数：235 千字
版　　次：2024 年 7 月第 1 版
印　　次：2024 年 7 月第 1 次印刷
书　　号：ISBN 978-7-5687-1373-3
定　　价：89.00 元

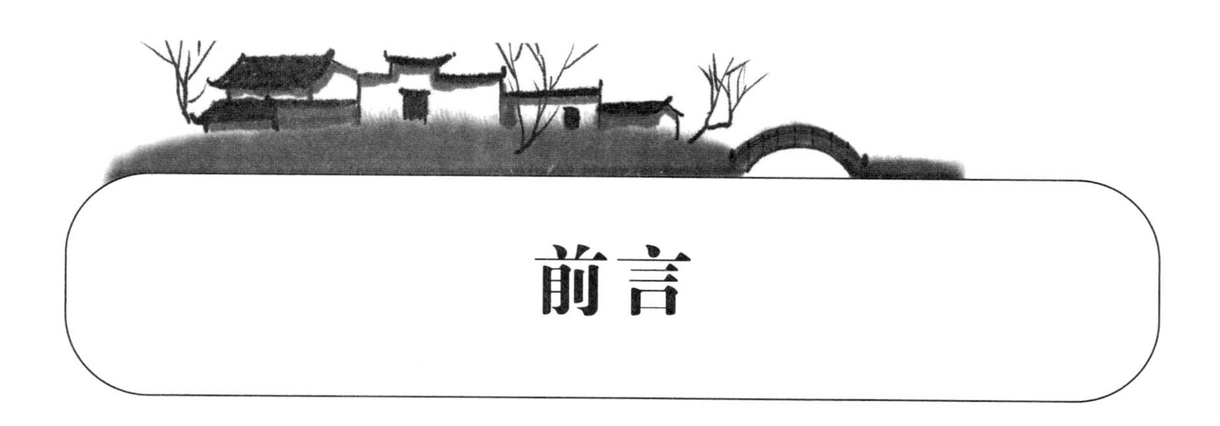

前言

随着设计艺术的不断发展和创新，现代环境设计也遵循着时代的脚步并与人们的审美相结合，使人们在高楼林立、机械味儿十足的当今社会中，更加怀念传统文化带给人的静谧与浓厚的文化底蕴。所以，在现代环境设计的审美中，人们也时常将我国的传统文化融入其中，对优秀的传统文化进行传承、发展、创新、融合。

在信息传播日益迅速和外来文化影响不断加深的情况之下，现代环境设计从业人员必须以客观、公正和理性的态度看待中国传统文化，掌握其中的精髓与不足，科学地进行借鉴和创新，将其全面地渗透和融入现代环境艺术设计中。另外，还可以创造性地融入一些具有现代化特色和信息化特点的内容，为中国优秀的传统文化赋予全新的内涵和意义，以确保现代环境艺术设计能形成独特的风格和流派。这样才能为中国优秀的传统文化的传承与发展，以及现代环境艺术设计水平的不断提升提供良好的保障。基于此，本书从环境设计与传统文化的融合角度出发，介绍了环境艺术设计的基础理论，对环境艺术设计的基础与原则、要素与形式、工作方法与基本表现等相关内容进行了详细的阐述与分析，接着对传统文化的基本释义与重要性进行了分析与探究，研究了传统文化是什么及其融入环境艺术设计的必要性与迫切性，然后讲述了传统文化元素在现代环境艺术设计中的体现，最后结合传统文化在民居环境设计以及家具传承方面的融合，对全书作出升华与总结。本书内容翔实，具有丰富的理论性与实用性。

在撰写本书的过程中，得到了许多专家学者的帮助和指导，参考了大量的相关学术文献，在此表示真诚的感谢。本书内容系统全面，论述条理清晰、深入浅出，力求论述翔实，但因作者水平有限，书中难免会有疏漏之处，希望同行学者和广大读者予以批评指正。

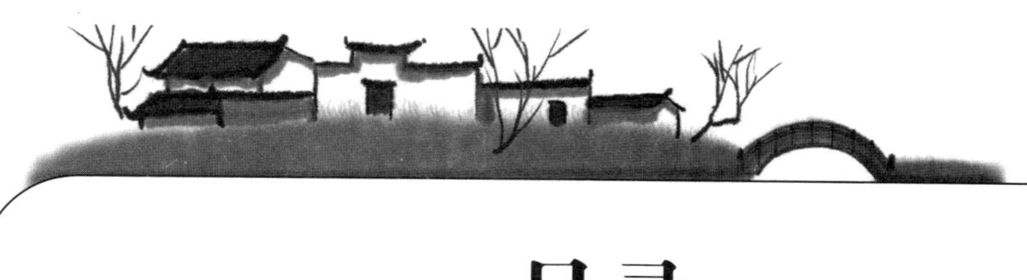

目录

第一章 环境艺术设计概述

第一节 环境艺术设计的概念与本质

本节主要针对环境艺术设计的概念与本质展开研究，从多个角度全面通观环境艺术设计的基本内涵。

一、概念

随着经济、文化和社会的发展，环境艺术设计应需而产生，作为一门新兴学科，不同于过去的立足点和视野，这是一种人们对自身生存环境重新审视并不断地加以改造的艺术形式，更加符合人类的行为和心理需求。由于人们意识到环境生态化与可持续性发展的要求，“环境艺术”成为具有更高审美价值的一门新学科。

（一）环境

随着人类社会的发展，人类活动的领域不断扩展，环境作为人类生存与发展的基本空间，是一种外部客观物质存在，对主体的行为产生影响，对人类而言，交通工具、信息传递手段日新月异，围绕着主体，环境等外界事物为人类生活和生产活动提供了物质条件，当然，人类也按照自身的需要，创建改造着环境。

1. 定义

目前，按照规模以及远近程度，环境可分为聚落环境、地理环境、地质环境和宇宙环境四个层级。其中，聚落环境与我们关系最为密切，包括城市环境和村落环境，具体隐含如下四个部分：

（1）原生环境。

原生环境又被称为第一环境，指自然界中尚未被人类开发的领域，由山脉、平原、草原、森林、水域、水滨、风、雨、雪、霜、雾、阳光、温度等自然构成。在中国古代哲学中，人们早已把自然看作是有生命的，对大地充满了浓厚的感情。此外，现代研究也越来越能证明自然是有生命的，是人类赖以生存和发展的环境，有巨大的经济价值、生态价值以及文化价值。

（2）次生环境。

次生环境又被称为第二环境，是指被改造的山脉、河流、湖泊、草原等，也就是人类改造、加工过的自然环境，包括田野、自然保护区、森林公园等。这样的环境能充分体现自然环境的价值。

（3）人工环境。

人工环境又被称为第三环境，是人工建造的景观、建筑、艺术品及各项环境设施，包括公园、滨水区、广场、街道、住区景观、庭园景观等。根据用途不同，有如下分类：

① 建筑物：分为住宅、办公、商业、旅游、观演、文教、纪念等类型。

② 构筑物：分为廊、桥、塔等类型。

③ 艺术品：分为雕塑、壁画（饰）、构造小品等类型。

（4）社会环境。

社会环境又被称为第四环境，指人与人之间的社会环境系统，由政治、经济、文化等各种因素构成。从自然生态体系中分化出来，由人自身所创造，包括社会结构、生活方式、价值观念和历史传统等。

2. 构成

环境由实体与空间组成。近现代，随着工业的发展和生活状况的迅速改善，人们对环境的要求不断提高。环境功能以及形态日益多样，公共空间形象如街道、广场、国家公园、主题公园等都在扩展更新。其中，自然物、建筑物、构筑物、环境设施等构成实体部分，空间和实体相互依存。实体作为一种物质产品，由创造者构思、设计，形成感官可及的形式，满足人们的实用功能空间。

在环境艺术设计领域，空间通常由以下两种方式构成，一是实体围合，形成空间；二是实体占领，形成空间。对于城市中的环境来说，大多是围合形成。占领的构成方法与环境相辅相成，如天安门广场的纪念碑，就是由纪念碑的占领而构成的空间，当人们置身于天安门广场上，在纪念碑旁环视，则感觉是一个围合的空间。

此外，在围合空间中，物质实体要素构成界面，决定空间形状。实体要素间的比例尺度和相互关系决定空间比例、尺度、体量和基本形式，实体要素的色彩、质感影响空间表情。一般来讲，围合空间容易产生向心、内聚的心理感受，如我国传统的四合院。

（二）行为与环境

环境艺术设计的基本设计思想就是“以人为本”，也就是把人类的行为与其相应的环境联合起来加以分析。

1. 环境行为学

环境行为学也被称为环境心理学，是指设计工作必须重视人的心理与行为需求，并将其引入到环境艺术设计当中。在设计中，要进行大量的研究，包括物质的、社会的和文化的，再将它们应用到具体设计之中，综合进行设计研究。

通常，环境设计成功的前提是设计者为使用者的行为建立服务思想，设计过程围绕如何满足使用者的需要而展开。但是，目前许多设计师没有这样的理念，往往推卸责任，在设计中过于主观，片面追求个性、追逐流派、主观臆断、闭门造车，缺乏对使用者的深入了解。

目前，“环境—行为”研究主要探索人的行为与周围环境之间的关系，融合心理学、行为学于一体，成为环境艺术设计理论的重要组成部分。

2. 相互关系

相互关系主要指的是人、行为与环境之间的关系，其基本观点是人的行为与环境处于相互作用的动态系统中，在整体环境中，人只是一个组成要素，与其他要素有一定的联系，从生态学角度来说，机体、行为与环境是一个完整体系。另外，从心理学角度来说，人不仅是环境的客体，受环境影响，同时也积极改造环境，二者始终处于积极互动的过程中。

此外，户外活动的综合景象受到许多条件的影响，物质环境是其中的重要因素，在不同程度上以不同方式影响着它们。为了研究环境对人生活产生影响的途径和方式，将人的日常生活大致划分为必要性活动、自发性活动和社会性活动三种类型。

环境影响人的行为，并在一定程度上给以限制、鼓励、启发和暗示，但环境通常不易改变行为的基本方向。例如，教室对学生的影响，教室设计的好坏难以决定学生的成绩。

由此可见，人不仅可以被动地适应环境，还能主动地改变环境，从而使环境更好地满足人类的需要。当然，环境对人的行为乃至心理，在一定程度上，也是起着重大影响的。美国心理学家瓦特逊（Watson）率先系统研究行为主义心理学，提出 S-R（刺激—反应）的行为基本模式，但我们要注意，在他的学说中，把人当作没有思想的动物和机器，是明显的不足。

在环境与行为的研究中，对于“实用、经济、美观”的传统设计原则来说，新时期的研究对其进一步进行了深化和发展。在研究中，把环境的实用性当作最重要的课题，不仅涉及使用者的生理需要、活动模式，还包括使用者的心理与社会文化需要。

由此可见，环境艺术设计不是一门狭隘的学科，它涉及许多学科领域，从而有效探索行为机制与环境关系，使研究更加符合人们的物质与精神需求。可以说，环境艺术设计是为人服务的，了解特定的环境场所与行为规律，可以对环境艺术设计起到很大的指导和启发作用。

3. 人的基本需要

正确理解环境与行为，首先就要对人的基本需要有整体的了解，通常，人的基本需要一般分为若干层次，从低级到高级分别排成以下梯级：

①生理的需要：饥、渴、寒、暖等。

② 安全的需要：安全感、领域感、私密性等。

③ 相互关系和爱的需要：情感、归属某小团体、家庭、亲属、好朋友等。

④ 尊重的需要：威信、自尊、受到他人的尊重等。

⑤ 自我实现的需要。

⑥ 学习与美学的需要。

4. 领域与个人空间

领域指的是个体、成对或群组所占有的空间以及领地范围，这一概念可以有围墙等具体界限，也可以有象征性的概念，不仅有边界性的标志，也可以有大略的模糊界限，因此，将领域的种类，做了如下三种区分：

（1）主要领域。

专门由个人或群体使用，领域划分明确，具有永久性和私密性。

（2）次要领域。

领域中心感不强，排他性关系弱，是群体常去之地，如私人俱乐部、酒吧等。

（3）公共领域。

没有管辖权限，个人及群体对这些地方的占有都是暂时的，如公园、公共交通等。

此外，著名学者拉曼与斯考特也对高度流动性的领域进行了分层，将它们分成了以下四个层次，即公共领域、交往空间、家和个人身体。因此，在研究中，要研究人特定领域中的行为规律性，预测使用者活动状态，同时将个性化空间与可防卫空间的概念，在环境艺术设计中充分体现。

另外，霍尔指出，如果细心观察停在电线上的小鸟，就能够发现小鸟彼此之间都保持着一定的距离，或者换句话说，同类的动物只有被默许或被邀请，才能够进入其他动物的个体空间。

人际距离分为四类，分别是亲密的距离、个人空间的距离、社交距离以及公共距离。

由此，我们可以在设计环境场所时，根据场所的功能、性质、使用者的相互关系及接触的密切程度，来决定环境的舒适程度以及选用什么样的设施。当然，我们还应该注意到的是，影响人际距离的因素很多，因此，在设计过程中，我们要考虑需求者的年龄与性别；文化与种族；社会地位；个人的生理、心理特征；生活中的情绪与个性；所处环境与情景等。

5. 私密性与交往

人对接近自己或自己所在群体的选择性控制，可以体现出私密性，归纳私密性的特征，能够看出它具有独处、亲密、匿名和保留四个特征。环境的私密性，能够给人以个人感，使人按照自己的想法支配环境，不受干扰，自然充分地表达感情，从而进行准确的自我评价，达成自我认同，实现个人在环境中的价值。

对于私密性的理想状态，往往可以通过两种方式来获得，其一是利用空间的控制机制，其二是利用不同文化的行为规范，通过这两种方式来调节人与人之间的接触。在人类社会发展过程中，不仅需要私密性，同时也更需要社会交往。因此，对每个人来说，私密性的小天地和与人接触的大环境同样重要。

因此，基于对私密性的理解，在环境艺术设计中，其重要的一个基本点就在于创造条件求得平衡与满足，所以，在设计中，环境艺术设计师应与建筑师、规划师一起，加强沟通，促进交流。此外，在社会生活中，避免拥挤感的根本办法，就是为使用者提供足够宽敞的空间，避免刺激超荷，应控制人的密度知觉，降低拥挤感。

故此，在环境设计中，可以利用分隔来减少相互干扰、降低环境信息输出量，避免信息过载，有效减少拥挤感。

（三）人的行为

行为是人同环境的相互作用，人通过行为去接近环境，由此，可以把人的行为总结为以下内容：

1. 空间中人的行为

空间中人的行为往往可以总结概括为以下几种：

① 空间秩序，即行为在时间上的规律性和一定的倾向性。

② 空间中人的流动，即人在空间中的位置移动。

③ 空间中人的分布，即人在空间中的定位。

④ 空间的对应状态，即人活动时的心理和精神状态。

其中，对于第二点人在空间中的流动，又可以分为以下四点内容：

A. 避难、上学、上班等两点之间的位置移动。

B. 购物、游园和参观等随意流动。

C. 散步、郊游等移动性质的流动。

D. 流动的停滞状态。

此外，关于行为习性，往往是指在长期、持续和稳定的状态下，人的生物、社会和文化属性与特定的物质和社会环境相交互的作用。如动作性行为习性，有抄近路、靠右（左）侧通行、逆时针转向、依靠性。

2. 体验性行为习性

体验性行为习性主要分为以下三种：

① 看人也为人所看。

② 围观。

③ 安静与凝思。

（四）设计

设计是人们建立与世界关系的一种手段，是我们与外界建立联系的媒介。在设计中，人们以反映才智技能和自觉意志为目标，是一种寻求解决问题途径的实践活动。

（五）设计思维

设计思维包括的内容很多，在环境设计中主要有以下几种，现综合介绍如下：

1. 思维

思维是在表象、概念的基础上进行分析、综合、判断的过程。思维是人类特有的一种精神活动，它从社会实践中产生，一般由思维主体、思维客体、思维工具、思维协调四个方面组成。其中，主体是人，客体是思维的对象，工具由概念和形象组成，协调是在思维过程中，多种思维方式的整合。

2. 环境思维

环境思维是认识的高级形式，是人脑对环境的反映，能够揭露环境的本质特征和内部联系。它不同于感知觉，是在获取大量感性材料的基础上，进行的推理和联想，从而进展到设计思维。

3. 设计思维

设计存在着复杂的思维活动，是多种思维的整合，是科学思维的逻辑性和艺术思维的形象性相结合的整体，具有相对独立性。其中，创造性思维是设计的核心，具有主动性、目的性、预见性、求异性、发散性、独创性和灵活性，是科学与艺术相结合的产物。

在设计思维中，逻辑思维是基础，形象思维是表现，在实际思维过程中，两种思维互相渗透、相融共生。由此可见，设计思维的综合性体现了设计思维的辩证逻辑关系。

（六）环境艺术

环境艺术是艺术活动在环境中的渗透，艺术与环境结合得愈来愈密切，因此，我们应该从新角度，以新眼光重新审视艺术在现代艺术环境设计、文化发展中的地位和作用。需要注意的是，环境艺术与某些概念不同，因此，我们要在使用中加以区别对待。

此外，人们从宏观文化角度，运用传统观点探索环境与艺术的关系，进而发展成环境艺术这一门类。

1. 实用艺术

20 世纪 60 年代，环境设计作为一种实用艺术，在艺术实践中与人的机能密切联系，使环境事物有了视觉秩序，而且还有效地加强和表现了人所拥有的领域。环境艺术设计强调最大限度地满足使用者多层次的功能需求，既满足人的物质要求，又满足人的社会心理需求，同时还要满足审美需要。

2. 感受艺术

环境艺术充分调动各种艺术和技术手段，通过多种渠道传递信息，创造一定的环境气氛和主题。因此，环境艺术要求设计师综合利用各种环境表达要素，并且能够在各要素间，构成不同的关系，调动人的综合感觉，激发人的推理和联想，使人产生情绪情感共鸣。

3. 整体艺术

环境艺术将诸多因素与休闲设施有机地组合成一个多层次的整体。不论建筑物作为一个单一物件有多美，但如果在感觉上不能与所在环境相融合，就不是一座好的建筑。

由此可见，环境不单是地段条件的简单反映，更是格局的统一，空间的呼应，材料、色彩和细部的和谐。这种整体美能在较大尺度的范围内充分表现物象形态，同时又能够有机结合秩序、综合艺术设计整体精神。可见，只有整体美才是美的。

由此可见，环境艺术是多学科交叉的系统艺术。与建筑学、艺术学、人体工程学、环境心理学、美学、符号学、文化学、社会学、地理学、物理学、生态学、地质学、气象学等众多学科都相互联系。在设计实践中，它们不是简单的机械综合，而是一种互补的有机结合关系。可见，环境艺术中的各种具体形态，能够在设计中构成整个系统的框架，好似人体骨架与血肉的关系。

4. 时限艺术

形成成熟环境需要设计者长时间地进行接力式的创造活动。因此，在设计中，每一个设计者都既要以长远的目光向前看，又不能割断历史文脉，从而保持对每一具体事物与整体环境的相关连续性，进而建立起和谐的对话关系。

环境艺术是一个动态开放的系统，处于发展状态中，是动态平衡的系统。在环境变化中，技术的发展每次都会有新突破，它介入环境艺术领域，在整个设计过程中，运用时间观念，持续不断地进行自由设计。

（七）环境艺术设计

环境艺术设计是设计者根据人们的要求，在建造之前，运用各种艺术手段和技术手段对建造计划、施工过程和使用过程中的问题提前做好的全盘考虑，并进一步用相应形式表达出来的创作过程。

1. 成果

在环境艺术设计中，其初步成果、设计方案是环境开发建设过程中各环节互相配合协作的依据。

（1）政策。

政策又被称为计划型成果，包括环境政策、规划方案、设计导引三种形式。是对整体环境建设进行管理控制的框架性文件，主要表现为条例、法规、方案等对政策的形象描绘，是规划图和规划说明的一种，能够导引、保证整体环境质量。

（2）工程。

工程又被称为产品型成果，是指针对某一待建场所提出的具体施工方案，通常包括项目设计可行性论证报告、设计说明、透视效果图、配置施工图、细部节点构造图、工程造价预算等。

2. 原则与评价标准

环境艺术设计的原则和评价标准，主要包括如下内容：

（1）功能原则。

主要指物质功能，也就是处理好自然环境、人工条件与环境内部的实用功能。

（2）形式原则。

要做到建筑与自然景观之间的协调组合，减弱人工与自然的矛盾，注意各美感要素的运用，强调文脉与时空连续性。

（3）材料与技术原则。

材料是设计的物质基础，技术是实现设计的重要手段。设计者要掌握好材料与技术之间的关系。

（4）整合优化原则。

强调建筑师、规划师、艺术家、园艺师、工程师、心理学家等与环境艺术设计师之间的合作，一起完成环境艺术设计，强调学科间的交叉整合。

（5）识别性与创新性原则。

环境艺术设计不仅要遵循一般设计原则，同时还要在设计中有个性，要有独创性。

（6）尊重公众意识原则。

环境艺术的审美价值，已逐渐转向情理兼容的新人文主义，审美经验也逐渐开始强调群众意识。可以说，当代环境艺术设计已逐渐走向了更符合大众性的道路。

（7）未来可能性原则。

环境艺术设计不可违背生态要求，要遵循可持续发展原则，提倡绿色运动，使环境能够有效地进行“新陈代谢”，从而获得更好的发展。

二、本质

环境艺术设计的本质与概念密切相关，通过对概念的把握，我们可以分析环境艺术设计的本质如下：

（一）物质与精神的统一

在人类发展过程中，人们不断地认识自然、了解自然，并进而改造自然。对于不同的民族、地区、社会制度、文化传统、时代来说，对自然的适应和改变能力都不相同。因此，创造出来的人为事物也就相应地会是多元化的。因此，对于环境艺术来说，它是一种具有人为事物的物质和精神双重结合体的艺术。

首先，对于其物质性来说，主要表现有两个：第一是表现为包括空气、阳光、风霜、雨、雪等在内的组成环境的物质因素，它们可以说是环境艺术的基本特点。第二是表现为环境艺术的设计与完成，通过生产技术、工艺，进行物质改造与生产，带有明显的实用性。

其次，人的精神活动和文化创造往往在环境设计中能够形成特定的风格与特征，进而形成不同的环境特色，对于现代城市设计来说，不同的人文风格往往形成截然不同的特征，进而反映出民族、时代的历史特征与审美风尚等。

（二）感性与理性的统一

在环境艺术设计过程中，感性主要是指从“创造性”角度出发，深入探索环境艺术，在此过程中，人的创造活动离不开想象和思维。由于个体需要的推动，在环境艺术设计过程中，人类的潜意识与直觉特性发挥了重要作用。可见，经过无数潜意识活动，才有可能产生灵感。

对于理性而言，能够准确把握事物的规律往往成为人类思想的核心，在环境艺术设计过程中，理性往往体现在设计中对于框架、资料与元素的建立分析与理解，并对其进行整合与归纳，使环境艺术能够具备理性容量与感性容量，以逻辑方式反映本质内容。

在环境艺术设计中，往往存在着随意性，这些不同类型的意外机遇大都以理性为基础。通常包含以下方面：

第一，积累丰富的生活经验，在对空间类型及使用功能以及对各种自然环境及人文环境的体验中，增强对城市各种机能的认识和了解。

第二，积累典型和不同流派与风格的世界建筑名作的图式。

第三，积累丰富的解难经验。

由此可见，在环境艺术设计中，体现更多的是多元化思维模式的综合应用，所以，对环境艺术设计者来讲，在设计过程中，对于探索性工作可能会付出更多精力，进行创造性的思维活动，满足人们的各种精神和物质需求。

（三）艺术与科学的统一

艺术的终极目的是生活的艺术，换句话说，一切艺术都要服务于人类的生活，而这也是环境艺术设计的宗旨。所有环境艺术设计，其实用性是主要目的，也是主要指标。因此，这要求设计者在环境艺术规划中进行科学的设计。

环境艺术不仅具有实用性，同时，它又具有艺术欣赏性。所以，在进行环境艺术设计中，要将包括其形态、材质、构造及意境在内的多个美感紧密结合。因此，在设计中，就要合理关注“比例”的重要性。

从科学技术角度看，环境艺术经过了手工技术、机械技术和计算机技术三个发展阶段。在现代环境艺术设计中，计算机的应用使得环境设计更具有前瞻性和可塑性，在接近理想生活方式的同时，充分发挥科技优势，发现新的表现形式，从而更好地进行环境设计艺术创作。

艺术要从艺术的科学化和科学的艺术化两方面着手，环境艺术要在艺术和科学设计中间体现出“形式”与“机能”的关系。在设计过程的各个阶段中，基地环境的配合，材料性能的使用，空间关系与组织路线，都必须在设计中与艺术紧密相连。

第二节　环境艺术设计的特征与功能

在东方哲学思想中，往往非常重视综合，因此，在环境艺术设计中，也就更要求全面的考虑问题，进行整体化的环境艺术设计。

一、特征

（一）观念的特征

环境艺术观念的发展标准，是指要在客观条件基础之上建立协调的自然环境关系，这就决定了环境艺术设计必然要与其他学科交叉互存。不仅要将城市建筑、室内外空间、园林小品等有机结合，而且要形成自然协调的关系。这与从事单纯自我造型艺术不同，在设计中，要兼顾整体环境的统一协调，形成一个多层次的有机整体。

在进行整体设计时，相对于环境的功效，艺术家的创作不仅需面对节能与环保、循环调节、多功能、生态美学等一系列问题，同时还要关注美学领域，在进行艺术设计时，在环境效益方面表现得比较集中。通常情况下，城市环境景观设计在原有景观设计基础之上进行整体规划设计，充分考虑环境综合效益，并将环境和美观集中体现，这就要求设计者具有前瞻性的思考和创新。

在充分考虑功能及造价的前提下，在营造环境的过程中，以动态的视点全面地看待个性的作用，把技术与人文、经济、美学、社会、技术与生态融合在一起，因地制宜地处理相互关系，求得最大效益，使环境艺术设计求得最佳，从而形成持久发展。

所以，环境艺术设计中对整体设计观念的把控尤为重要，在设计中不仅放眼城市整体环境，而且还要在设计前展开周密的计划和研究，权衡利弊，科学合理地进行综合设计。

（二）文化特征

文化特征体现了城市居民在文化上的追求，环境艺术是集中表现民族、时代科技与艺术发展水平的表现形式，同时也反映了居民当下的意识形态和价值观的变化，是时代印记的真实写照。

1. 继承发展传统文化

城市总有旧的痕迹留下，因此，在对传统建筑中，选址、朝向等部分充分分析的前提下，更要把握好鲜明的生态实用性。比如，在建筑周围植树木和竹林，就可以起到防风的作用，因此，在设计中，要考虑人与自然生态的协调统一的互存关系。

此外，在环境设计中，要结合当地文化背景和当地社会环境，适当融入传统主义设计风格，在进行标新的同时，还要继承和体现出国家、民族和当地建筑传统主义风格，从而达到传统与现代主义风格的完美结合。

2. 挖掘体现地域文化

通常，由于乡土建筑是历史空间中经年累月产生的，所以它符合当地气候、文化和象征意义，这不仅是设计者创作灵感的源泉，同时，技术与艺术本身也是创作中充满活力的资源和途径。

此外，这类研究大都有两种趋向，如下：

（1）“保守式”趋向。

运用地区建筑原有方法，在形式运用上进行扩展。

（2）“意译式”趋向。

指在新的技术中引入地区建筑的形式与空间组织。

乡土建筑与环境置身于地域文化之中，受生产生活、社会民俗、审美观念、地域、历史、传统的制约，因此，研究中应该重视对深厚文化内涵的挖掘和创新。

（三）体现当代大众文化

目前，环境日益均质化，公众主体意识逐渐觉醒，人们不再期望将自己的个体情感纳入整齐划一的环境中，大多开始寻求一种多元价值观，强调创造性。

随着自我意识的觉醒，人们更加注重价值和意义，任何环境设计都是为人服务的。比方说，在某个环境场所下，除了为普通大众提供服务外，也应对儿童或残障人群予以关注，这种设计理念是当代大众文化的重要体现。

此外，对于一个城市、一个地区、甚至一个民族、一个国家文化来说，群体建筑的外环境往往成为一种象征。因此，环境艺术设计对文化地域性、时代性的反映是非常重要的，它包含了很多反映文化的人类印迹，如上海外滩、天安门广场、威尼斯圣马可广场、纽约曼哈顿等，这些都是代表民族或国家形象的建筑。

二、地域性特征

在现代环境艺术设计中，地域性特征是整个环境设计中重要的组成部分，表现有三点：

（一）地理地貌

地理地貌是环境中的固定特征之一。每个地区的地理和地貌情况都不尽相同。这些包括水道、丘陵、山脉等在内的宏观地貌特征会随时表现在环境塑造设计中。因此，在环境设计中，地貌差异对敏感的设计师来说，有很大的诱惑，在这样的设计中，他的构思可以很好地表现出来，设计中，要运用生活素材，弥补不利的设计条件。

水在城市设计中是很好的风景，不仅能够起到滋养城市生命的作用，而且还能够保障天然岸线形式，是一种独特的构想，能够增加自然情趣，强化人工绿化作用，使得景观风景靓丽新颖。不同地域水的形态折射和构成了城市的人文风情和城市地标。而且，水在强化城市景观作用的同时，其重要性及其历史地位不言而喻，如果能够拥有具有代表性的河道，那么其重要性完全可以胜过一般的市级街道。但我们应该注意的是，目前，许多地方河水的静默与永恒会成为它被忽视的原因，因此，在环境设计中，就更要科学合理地进行设计和运用。

此外，对水的珍视不能限于水面清洁和不受污染，还要重视水面的重要作用，使其成为优化生活的景观。在环境设计中，应首当呵护水面，整理岸线，保护天然地貌特征，不破坏历史遗迹。

（二）材料地方化

对于古老的建筑历史来说，在设计中往往采取就地取材的方式，早期天然材料就有石料、木材、黄土、竹子、稻草以及冰块等，其丰富程度可想而知。因此，从现代建筑思想出发，铜材、玻璃、混凝土这些材料在环境设计中往往没有地方差异，甚至完全摆脱了地域性自然特征的痕迹。

由此可见，“现代主义”建筑是同质化形式最集中的建筑表现形式，而当环境艺术设计在人文和个性思想设计中间寻找出路的时候，它带来的抑或是一种新的建筑主义思想风格。

因此，在现代环境设计中，人对材质特征的认识，往往表现得更加明确主动，有更强的表现力。比如，在对环境艺术设计中地面的铺装过程中，在充分吸收传统地面铺装模式和材料的基础之上，开发新的设计和加工工艺以及新材料的应用将更加实用化，在使用地方材料基础之上，最大程度考虑当地特征，如苏州园林的卵石地面铺装。不同形式的拼装呈现出不同的环境艺术魅力。

此外，现代的地方化观念还给人们一个启发，就是人们对材料的认识应该有所扩展，应该多元化。配合以精致严谨的加工，借助材质变化去实现设计的有效性，运用同种材料营造不同的加工效果，这些都是很好的方法，具有独特的效果。

（三）环境空间地方化

环境的空间构成比较复杂，尤其是对具有一定历史渊源的城市建筑而言，这些建筑的分布具有一定的稳定性，其所呈现出来的形式表现如下：

① 当地城市人群的生活和文化习惯。

② 当地城市地貌情况。即便地貌情况一致，依旧存在差异。

③ 历史的沿革，包括年代的变革与文化渗透等。

④ 人均土地占有量。

此外，对于城市风貌的载体来说，有一些并非完全由建筑样式所决定。如北京胡同、上海里弄、苏州水巷等，在实际的生活之中，人们的实际活动大都发生在建筑之间的空白处，即街道、广场、庭院、植被地、水面等。因此，我们可以把不同地方的城市空间构成做相互间的比较，从而看出异地空间构成的区别。

由此可见，在不同的地方，人们使用建筑外的环境，是需要考虑生活行为需要的，不论是空间的排布方式、大小尺度，还是兼容共享和独有专用的喜好，在环境设计中，都应该提出地方化的答案。应该注意的是，虽然这些答案不一定是容纳生活的最佳设计方式，但只要是经过生活习惯的认同，能够在人们的心理上形成一种独有的亲和力，那么就可以看作是成功的设计。

城市环境包含形式和内容两部分，建筑的外部空间是城市的内容，它不是任意偶发、杂乱无序的，而是深刻地反映着人类社会生活的复杂秩序。因此，作为一个环境设计师，在设计的过程中，必须使自己具备准确感知空间特征的能力，训练分析力，判定空间特征与人的行为之间存在的对应关系。

三、环境与人相适应的特征

环境是人类生存发展的基本空间，人们往往通过亲身实践来感知空间，人体本身就成为感知并衡量空间的天然标准。也因此，人与环境之间进行的信息、能量、物质的交换和传达的平衡过程成为室内外环境各要素中最基本的因素。

环境是作用于主体并对其产生影响的一种外在客观物质，在提供物质与精神需求的同时，也在不断地改造和创建自己的生存环境。可见，环境与人是相互作用、相互适应的，并随着自然与社会的发展处于变化之中。

（一）人对环境

现代环境观念体现在人对环境的“选择”和“包容”中。因此，在从事研究和设计时，要对那些即将消亡但并无碍于生活发展的建筑和设计进行有效的保护，有意识地进行挖掘和研究。每个城市由于其发展的独特性不同，其多样性和个性在一定程度上更加彰显各自生命力。

因此，在城市建设中，要避免出现导致环境僵化和泯灭的设计，为了保全城市特色，甚至可以在城市风格上进行创新思维。所以，在进行环境艺术设计过程中，要在保全原有特色基础之上，并在不破坏环境的前提下，充分发挥创造力，使其达到高度融合。

（二）环境对人

时期和环境的不同，造成人们对需求的强烈程度会有所不同，在环境艺术设计中，五种需求往往与室内外空间环境密切相关，对应关系如下：

① 空间环境的微气候条件——生理需求。

② 设施安全、可识别性等——安全需求。

③ 空间环境的公共性——社会需求。

④ 空间的层次性——自尊需求。

⑤ 环境的文化品位、艺术特色和公众参与等——自我实现需求。

通过以上比对，可以发现，在环境空间设计中，优先满足低层次需求是保证高层次需求运行的基础。

四、生态特征

当今社会，由于工业化进程的逐渐加快，人们的生活发生了翻天覆地的变化。同时，工业化城市进程的加快也造成了自然资源和环境的衰竭。气候变暖、能源枯竭、垃圾遍地等负面环境因素的影响，成为城市发展中不可回避的话题。因此，在对城市进行环境艺术设计过程中，就必须将经济效益与环境污染综合考量，避免以牺牲环境为代价来发展经济，是每个环境艺术设计工作者共同面对的话题。

人类发展与自然环境相互依存，城市是人类在群居发展过程中的文明产物，人们更多地将自身规范在自然环境以外，而随着人类对于自然认识的逐渐加深以及对于回归自然的渴求，更大限度地接近自然成为近年来环境艺术设计的热门话题。

自然景观设计之于人，其主要功能表现在以下几方面：

① 生态功能：主要针对绿色植物和水体而言，能够起到净化空气、调节气温湿度，降低环境噪声等功能。

② 心理功能：情绪价值日益受到重视，自然生态景观设计能够平和心态、缓解压力、放松心情，让人在平静中享受安适，驱烦去躁。

③ 美学功能：使人获得美的享受与体会，自然景观设计往往能够成为人们的审美对象。

④ 建造功能：提高环境的视觉质量，起到空间的限定和相互联系的作用。

我们可以以办公室设计为例，在办公空间的设计中，“景观办公室”成为流行的设计风格，它改变以往的现代空间主义设计，最大程度回归自然，在紧张烦琐的工作之余，尽享人性和人文主义关怀，从而创造良好和谐的工作氛围、达到最佳的工作效率。

此外，以多种表现手法进行室内共享空间景观设计，主要表现如下：

第一，共享空间是一种生态的空间，把光线、绿化等自然要素最大限度地引入到室内设计中来，为人们提供室内自然环境，使人们最大限度接触自然。

第二，具有生态特征的环境设计应是一个渐进的过程，每一次设计都应该为下一次发展留有余地，遵守“后继者原则”。承认和尊重城市环境空间的生长、发展、完善过程，并以此来进行规划设计。

因此，在设计过程中，每一个设计师既要展望未来，又要尊重历史，以保证每一个单体与总体在时间和空间上的连续性，并在此基础上建立和谐对话关系。从整体考虑，做阶段性分析，在环境的变化中寻求机会，强调环境设计是一个连续动态的渐进过程。

第三，我们在建造中所使用的部分材料和设备（如涂料、油漆和空调等），都在不同程度上散发着污染环境的有害物质。这就使得现代技术条件下的无公害、健康型的绿色建筑材料的开发成为当务之急。因此，只有当绿色建材广泛开发且逐步取代传统建材而成为市场上的主流时，才能改善环境质量、提高生活品质，给人们提供一个清洁、优雅的环境艺术空间，保证人们健康、安全地生活，使经济效益、社会效益、环境效益达到高度的统一。

五、功能

从整体上来看，环境艺术设计的功能主要表现在三个方面，分别是物质功能、精神功能以及审美功能。

（一）物质功能

环境作为满足人们日常室内外活动所必需的空间，实用性是其基本功能，儿童在幼儿园中学习、活动，学生在教室里上课，成年人在办公室工作，老年人在家中种花，人们在商场内购物，都体现物质功能。

1. 满足生理需求

空间设计要能够达到可坐、可立、可靠、可观、可行的效果，要能够合理组织，满足人们日常生活中对它的需求，其距离、大小要能够满足人的需要，尤其是自然采光、人工照明、声音质量、防噪声、防潮、通风等生理需求，使环境更好地实现这些功能。

环境及其设施的尺度与人体比例具有密切关系，因此，在设计中，设计者应了解并熟悉人体工程学，对于不同年龄、性别人的身体状况有足够了解。此外，除了一般以成年人的平均状况为设计依据以外，还要注意在特定场所的设计中要充分考虑到其他人群的生理、心理状况。

2. 满足心理需求

环境艺术设计为人们提供的领域空间有如下几个分类：

（1）原级领域。

如卧室、专用办公室。

（2）次级领域。

如学校、走廊。

（3）公共领域。

如大型超市、公园等。

由此可见，在环境艺术设计中，设计者应重视个人空间的可防卫性，给使用者身体与心理上的安全感。美国纽约大学奥斯卡·纽曼（Oscar Newman）教授，曾根据人的领域行为规律提出“可防卫空间”的概念，原则如下：

① 明确界定居民的领域，增强控制。

② 增加居民对环境的监视机会，减少犯罪死角。

③ 社区应与其他安全区域布置在一起，以确保安全。

④ 应该促进居民之间的互助、交往，避免使其成为孤立的、易受攻击的对象。

“可防卫空间”的关键在于对居住环境的划分，不同层次的领域之间应该有明确的界限。人在环境中生活，有着私密性与交往的需求。因此，在设计中，简单地提供隔绝空间，并不能解决问题。因此，在环境艺术设计中，隔断空间联系，限制人的行为，控制噪声干扰，就成为获得私密性的主要方法。

由此可见，在环境设计中，空间不仅应满足视、听隔绝的要求，而且也应提供使用者可控制的渠道，例如，对居住区而言，住宅单元到小区，再到居住区的层层扩展，就能构成渐变的亲密梯度。

3. 满足行为需求

在设计的各个阶段中，人的行为与基地环境相配合，在设计中，空间关系与组织以及人在环境中行进的路线都应该成为主要考虑的因素。

由于不同人群在不同环境中有着不同的行为，具体环境也存在类型的差异空间形态，因此，在设计中，空间特征以及设计要求都会针对不同的功能，有不同侧重。如住宅一般包括客厅、起居室、书房、卧室、厨房、餐厅、卫生间等，满足居室主人会客、休憩、阅读、饮食、娱乐等日常行为需求。

文教环境主要是指各种校园以及城市图书馆等构成的环境空间。如学校在环境中大都划分为静区与闹区。因此，在环境艺术设计中，应反映学校精神面貌以及积极进取的气息，注重树木、公共绿地、喷泉、雕塑、壁画、设施等的应用，深入分析需求细节，从而更好地设计，满足师生学习、阅读、饮食、运动等行为需求。

商业环境的优劣直接关系人们的购买行为。商业环境包括商店内部购物环境和购物的外部环境。因此，在设计中要体现舒适性、怡人性和观赏性，满足人们行、坐、看的行为需求，增强购物欲望，丰富艺术趣味和文化气息。

街道环境包括街道设施及其两侧的自然景观、人工景观和人文景观。在设计中要满足汽车、人力车及步行的行为要求，有调节视觉疲劳功效，引起人们的审美活动。在一定的空间范围内，在设计中要让人们有免受车辆的干扰，保证人的安全，满足人的行为需求。

（二）精神功能

物质环境借助空间反映精神内涵，给人们情感与精神上的启迪。尤其是具有标志性与纪念性的空间，如寺观园林、教堂与广场等。景观形态组织完全服务于思想空间气氛，引起精神上的共鸣。

1. 形式象征

在环境艺术设计中，表达含义最基本的是从形式上着手，尤其是在中国古典园林中，更是如此。在园林设计中，尽管不是真的山水，但由它的形象和题名的象征意义可以自然地联想，引起人情感上的共鸣。

此外，在用形式表达含义与象征时，可以使用抽象手法。有时一个场地最明显的独特之处是与之相联系的东西，如费城的富兰克林纪念馆。

2. 理念象征

环境艺术设计由于人的介入而被改造创建，故必然具有理念上的含义。比如住宅常常表达着“港湾”的理念。因此，设计者要表达理念的深层含义，这往往需要使用者或观者具有一定的背景知识，通过视觉感知、推理、联想才能体验得到。

不论是古代还是现代，中西都有很多这种表达理念上的含义与象征的例子。如古罗马时期的理论家维特鲁威提到希腊人热衷于探讨人体的完美比例，就是借由人体美而进入建筑与雕塑、绘画之中的范例，希腊人创造多立克柱式，以此来表达男性特征的美。

3. 历史文脉象征

历史文脉象征体现在许多现代的作品中，使人联想到历史精神的含义，体现一种历史与文化的追怀。

（三）审美功能

审美活动是一种生命体验，因此，作为生命体验的审美活动是主体对生命意义的把握方式。在艺术设计中，对美的感知是一个综合的过程，环境艺术设计的物质功能需要满足人们的基本需求，精神功能满足人们较高层次的需求，而审美功能则满足对环境的最高层次的需求。可以说，环境艺术具有审美上的功能，更像是一件艺术品，在实际中给人们带来美的享受。

由此可见，环境艺术的形式美是对形式的关注，在设计中，环境艺术造型可以产生形式美，尺度、均衡、对称、节奏、韵律、统一、变化等会建立一套和谐有机的秩序，从而有助于带给人们行为美、生活美、环境美。

第三节 环境艺术设计的意义与相关理念

环境与艺术相辅相成，伟大的艺术和环境同出，往往不仅能够体现设计者个人的独创性，更能够体现时代精神。

一、意义

环境艺术的意义不仅仅是词汇意义上的，更多是一种本体论的意义观，也就是体现情感的概念。

（一）反映时代精神

每个时代都有自己的艺术，生活不同，艺术也就不同。因此，透过环境艺术，我们能够看到一定历史时期特定的社会生活。如 20 世纪 60 年代，日本新陈代谢派的建筑尝试就体现了日本经济高速发展的时代精神。再比如文艺复兴时期的绘画和建筑，能够体现脱离中世纪束缚的自由精神。

（二）反映风土人文

环境艺术在设计中考虑地域特征与文化背景，顺应气候、地形和居民方式，如我国南方适应多雨而潮湿天气，为了避免地上的水汽，就会将房屋自地面抬高；北欧多雪的地区，为了减缓屋顶积雪过厚造成的压力，就会采用坡度较陡的屋顶形式。再如，在我国很多地区，传统聚落住宅依山傍水，则体现出“万物负阴以抱阳，充气以为和”的哲学观点。

特定的环境创造反映特定的文化背景和习俗，如我国西北部的蒙古高原上，蒙古包就反映了游牧民族逐水草而居的不断迁徙的生活方式，是蒙古居民长时间面对自然环境，极具智慧的建筑。

在当代设计中，很多设计师都试图通过自己的作品反映一种文化观念。如日本建筑师黑川纪章提出了新陈代谢、缘、间、中间体、中间领域、道等语言，从不同侧面表达共生思想。此外，在论述共生思想与新陈代谢关系时，还将新陈代谢理论总结为不同时间和不同空间共生的两个原理。因此，他认为在设计中要保留自身文化，努力创造新价值。如他设计的福冈海边建筑，就将室外空间设计成复合体，创造出引导人们进入室内的中间区域，从而体验日本建筑传统特征的室内与室外共生。

（三）反映人与社会的互动关系

环境艺术反映一定的社会现象，强调公共性。例如我国周代，城市和宫殿的布局形式就有了封建伦理的体现。

二、相关理念

与环境艺术设计有关的理念，分布在不同的领域，大致可做分析如下：

（一）视觉艺术

就人的感官而言，视觉与艺术关系紧密，视觉艺术的概念在于对感性材料的机械复制，对现实的创造性把握。

1. 感官与艺术

人的感觉器官包括视、听、触、味、嗅等感觉能力，它们符合特定审美意识的空间构成，是人对空间形态外观的感觉，映入大脑产生形象，进而感知形、色、质及其变化。

由于设计对象的多种空间形态，不同空间形态所体现的审美取向有相对差异，因此，对于室内设计来说，它往往就会成为人体感官全方位综合接受美感的设计项目。

此外，人的所有活动都要借助于工具，就其本身机制而言，语言是约定俗成音义结合的符号系统，是人类形成思想和表达思想的重要手段。因此，语言环境往往反映说话的现实情境，此外，广义的语境还包括文化背景。于是，人类文化发展的过程中，就形成各种不同的语言表达形式。

对于艺术设计来说，从物像的概念来讲，不同类型空间的形态表述，从设计角度出发，必须选取适合于自身的语言表达方式。

2. 视觉时空观念

空间形象的表达来自设计者头脑中的概念与构思，视觉形象创造的意义在于寻求对象的艺术特征。对于四维空间设计来说，它就要体现视觉艺术的时空观念，把握美的形象的整体氛围。

此外，空间形体是由点、线、面运动组成，在设计中，典型的空间线型表现为直线与曲线两种形态，因此，产品造型设计总是在这两种线型之间寻求变化。故此，室内设计的概念与构思首先就要从空间形态上寻求一定的启示。

视觉艺术的时空观念是建立在四维的空间概念之上的，因此，在环境艺术设计中，第四度空间要与时间序列要素并重。

3. 视觉环境艺术设计

环境艺术设计协调各类艺术与设计在特定空间中的相互关系，将视觉整体感受放在首位，在一个相对稳定的时间段对空间形象进行整体把握。从环境艺术设计的视觉概念出发，一种适度的视觉状态，能够产生美感。

在设计中，需要注意由视觉疲劳引起的视觉污染的问题，要避免和消除视觉污染，进行新的视觉环境创造，按照视觉的生理特征进行环境光色设计。在设计中，要避免高纯度高亮度的极端色彩对比。

（二）文化遗产

按照《保护世界文化和自然遗产公约》，往往将世界遗产分为文化遗产、自然遗产、自然遗产与文化遗产混合体和文化景观等内容。

1. 物质与非物质文化遗产

物质的文化遗产内容包含文化遗产、自然遗产、文化景观三个层面。包括文物、建筑群、遗址等不同类型的遗产。非物质的文化遗产包含关于民间传统文化保护建议的“人类口头及非物质遗产优秀作品”。通常包括的内容丰富，如传统曲艺、美术、节庆等。

它们通常代表一种独特的艺术成就，或能在一定时期内或世界某一文化区域内对文化发展产生影响，并可作为一种建筑群或景观的杰出范例。

2. 文化遗产的环境意义

文化遗产包括自然环境与人工环境，是“自然与人类的共同作品”。文化遗产的意义主要体现于人工环境，以美学突出个性，体现科学的普遍价值。

通常，文化景观标准与环境艺术设计的关系，体现在对外在客观世界生存环境进行优化设计，并在环境艺术设计中协调设计关系，在设计中体现综合性和融通性。

（三）相关设计专业

在环境艺术设计的相关理念中，包含了很多其他专业的内容与方法，总结如下：

1. 城市规划专业

城市规划属于建筑学，学科形成于工业革命之后，现代的城市规划学科，主要包括城市规划理论、城市规划实践、城市建设立法三个部分。在学科发展中，主要探讨研究课题，解决实际问题。因此，了解城市规划专业的一般知识非常重要。

2. 风景园林专业

风景园林景观设计专业建立在园林学之上，是在一定的地理境域中以工程技术和艺术手段，通过可视形象创造作品。例如，园林建筑就是在提供人们社会生活的种种使用功能外，又通过视觉给人以美的感受。

3. 造型艺术专业

从艺术学科的角度出发，可以把环境艺术设计中的建筑归于造型艺术的范畴。它们能够完成对高尚需求的完美满足，在与环境艺术设计相关的所有专业中，建筑设计无疑处于核心的位置。因此，如何协调与造型艺术专业的关系也成为环境艺术设计的关键。

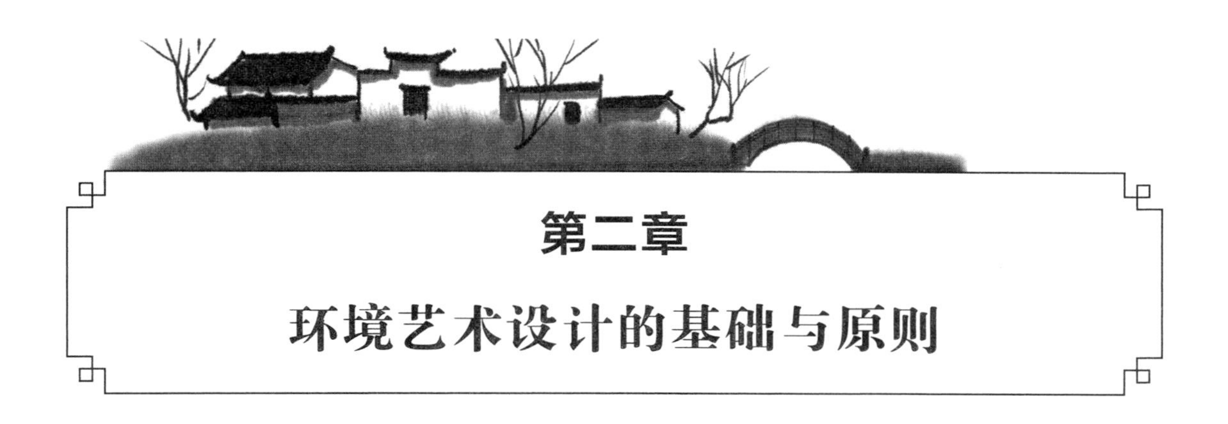

第二章
环境艺术设计的基础与原则

第一节 环境艺术设计的人体工程学基础

一、人体工程学的定义

关于人体工程学目前没有统一的定义。各个国家的学者从不同的角度对人体工程学所下的定义会有所出入。但仍有共同点，一是研究目的是实现安全、健康、舒适与最优的工作。二是研究对象是人、机、环境之间的相互关系。

任何一门学科都是针对特定的问题进行的研究，建立的理论体系体现的就是这门学科的科学性。任何一门学科都会运用理论体系所提出的解决特定问题的方法，这就是学科的技术性。人体工程学作为一门技术学科，注重理论联系实际，更重视学科与技术的全面发展。人体工程学最大的特点就是将人与物两类学科联系在一起，试图阐释人、机器、环境之间的矛盾关系。理解人体工程学的含义，可以从以下四个方面着手：

在人体工程学中，人主要指作业者或者是使用者。主要研究人的生理特征、心理特征以及人对环境以及机器的适应能力。设计出满足人的操作习惯的产品也是人体工程学探讨的重要问题。人们工作与生活的环境，温度、照明、湿度等环境因素对人的工作与生活的影响是研究的主要对象。

人体工程学在解决有关于人的问题时有两种解决办法，一是通过训练使人适应机器与环境，二是通过改良机器与环境来适应人的工作习惯。任何系统都是按照人体工程学的原则进行与管理的。

系统作为人体工程学的重要概念之一，人体工程学并不是孤立地研究环境机器、人这些要素，而是从整体的角度来审视这些要素。系统本身就是它所属的一个更大的系统的有机构成部分。人体工程学不仅仅是研究环境、机器、人这三种要素之间的关系，也要从系统的整体来研究各个要素。

人的效能主要是指人的作业效能，通俗来讲就是人按照一定要求完成某项作业时表现的效果与成绩。解决人的管理问题最重要的是解决通过什么样的途径来获得最高的作业效能的问题。人的效能不仅仅取决于个人的工作能力、工作方法、工作性质，还取决于人、机器与环境这三个要素之间的关系。

人的健康包括身心健康与安全。尤其最近几年以来，生活与工作压力使得人的心理健康受到了广泛的关注。心理因素会直接影响生理健康与作业效能，人体工程学不仅要研究对人的心理、生理有损害的因素，还要研究这些因素对人心理、生理的损害程度。

二、人体工程学的主要研究内容

人体工程学研究的主要内容大致分为三个方面：工作系统的人、工作系统的机器以及环境控制。人体工程学的内容与应用范围都非常广泛，可通过对人体工程学的研究来揭示工作系统中的人、机器与环境之间的相互关系，具体内容如下所示：

（一）人的因素研究

人是基础的因素。人的生理、心理特征与能力是整个系统优化的基础，人具有两种属性，即自然属性与社会属性。对自然人的研究主要包括人体形态的特征参数、人的感知特征以及在工作中的心理特征等。对社会人的研究主要包括人在生活中的社会行为、价值观念、人文环境等。通过这些因素的研究进一步完善所设计产品、工具、设施等与人的生理与心理特征的适应性，以便为使用者提供更加优质的服务。

（二）工作系统中的机械

不同的研究对象涉及的因素各不相同，机器因素的研究范围很广，具体归纳为建立机器的动力学、运动学模型、信息显示、安全保障、使用方法等。工作系统中的机械也是人体工程学的重要研究内容之一。

（三）环境控制

环境的概念十分广泛，包括生产环境、生活环境、室内环境、室外环境、自然环境、作业环境、物理环境、化学环境、美学环境等。可通过对环境的有效控制来调节人体相关活动。

三、人体工程学研究遵循的原则

人体工程学研究会涉及不同的学科，如生理学、心理学、工程技术、仿生学、生物技术等。在进行人体工程学研究的过程中，应遵循以下两项原则：

（一）物理原则

物理中的杠杆原理、惯性定律等在人体工程学中同样适用，在处理问题的过程中应该以人为主，同时还要兼顾物理的原则，既要不违反自然规律又要遵循人的发展规律。

（二）心理原则

人体工程学必须要兼顾生理与心理原则，生理与心理互为影响。尤其是心理原则，人的心理会受到人的教育、经历、社会文化等因素的影响，人体工程学的研究一定要对这些因素进行重点分析。

四、人体工程学与环境艺术设计的关系

人类在生活中所使用的物质设施可以为人类的生活与工作提供便利。人们生活质量与工作效率的高低在很大的程度上取决于这些设施是否符合人类的行为习惯。自从人类诞生之后，人们就一直探索如何可以获得更高的生活质量与生产效能。虽然古代没有科学的理论与方法，但是人体工程学已经悄悄地萌芽。旧石器时代的砍砸器使用起来就没有新石器时代的打磨器方便、顺手；秦代的青铜武器、车马器等，其构造、尺寸、形制都和人们实际的使用、操作状况紧密联系。这些都是人体工程学要研究的问题。

人体工程学概念的原意讲的就是工作和规律，人体工程学在国内外由于研究方向的不同，产生了很多不同或意义相近的名称，如美国使用人体工程，而欧洲则使用生物力学、生命科学工程、人体状态学、人机系统等来表示。

我国对于人与工具、人与空间环境之间的规律性研究有着悠久的历史。春秋时期的《考工记》曾有过明确的记载，中规中矩的造城理念，符合人们进进出出的习惯，并且方便人们在城中活动。明清时期南方的“天井院”为人的起居着想，三面或四面围以楼房，正房朝向天井并且完全敞开，以便采光和通风，各个屋顶向天井院中排水。正房一般为三开间，一层的中间开间称为堂屋，是家人聚会、待客的地方。

如今，人体工程学的宗旨正是舒适、安全、高效，通过对人的生理和心理的正确认识，为建筑设计提供大量的科学依据，使建筑空间环境设计能够精确化，从而进一步适应人类生活的需要。

五、人体尺寸与环境艺术设计的关系

（一）人体静态测量

在建筑空间与环境的设计中，对“尺度”的把握是最根本、最重要的手段。尺度意味着人们要感受到空间与物品的大小状况。因此，人体尺度成了建筑设计、环境设计、室内设计、家具设计等的一项基本参考数据。人体静态测量是指被测量者处于静止的状态下，对其身体各部分进行的测量。

从人与机关系的角度来看，“机”的含义已经不能仅仅理解为在生产中所使用的机械设备。相对于建筑学专业的要求，“机”应该指人类生活的空间环境所能够接触到并与人体产生关联的各种空间设施，其范围涵盖了建筑室内空间、室外空间中的一切人工制造的物品。在空间的宏观层面上，大到城市、乡镇等，小到街区、街道等；在空间的

中观层面上，大到建筑、桥梁、道路等，小到环境设施、环境小品等；在空间的微观层面上，大到各类家具及与人关系密切的建筑设施，如门窗、楼梯、照明系统、供暖系统、空调和通风设施等，小到栏杆扶手、把手，甚至是开关旋钮、插座面板等，都属于“机”的范畴。而“人”的含义则不仅包括人体尺寸，还包括人体构造、生理特征、人的心理和行为等方面的问题。

1. 人体尺寸与人体测量学

人体测量学是通过测量人体各个部分的尺寸来确定个人与群体之间在尺寸上的差别的学科。虽然是一门新兴学科，但是却有着悠久的历史。

第一次世界大战期间，伴随着航空事业的发展，人们急需人体各个部分的尺寸的数据，从而制定工业产业设计的准则，第二次世界大战期间，航空与军事工业产品对人体尺寸有了更高的要求，这一要求推动了人体测量学的发展。

自此之后，人体测量学的研究成果不仅仅应用在军事以及民用工业产品之中，还在人们的日常生活中也得到了广泛的应用。

2. 人体尺寸数据的来源

设计需要的是具体的某个人或某个群体的准确数据，因此，需要对不同背景的个人或群体进行细致的测量和分析，以得到他们的尺寸特征、人体差异和尺寸分布的规律，否则这些庞杂的数据就没有任何实际意义。众所周知，我国幅员辽阔，地区差异大，人体的尺寸也会不同。伴随着时代的发展，人们生活水平不断提升，人体尺寸也会发生变化，想要得到全国范围内的人体各部位尺寸的平均测定值将会是一项艰巨的工作。

（二）人体尺寸的分类

1. 构造尺寸

构造尺寸是指静态的人体尺寸，它是当人体处于固定的标准状态下测量出来的。它对与人体有直接关系的空间与物体有较大的影响，主要为设计各种设备提供数据。在建筑内部空间环境的设计过程中，最有用的 12 项人体构造尺寸是：身高、视高、坐高、臀部至膝盖的长度、臀部宽度、膝弯高度、侧向手握距离、垂直手握高度、臀部至足尖的长度、肘间宽度、肩宽、眼睛高度。

2. 功能尺寸

功能尺寸是指动态的人体尺寸，是人在进行某种功能活动时肢体所能达到的空间范围。虽然构造尺寸对某些设计的影响很大，但是对于大多数的设计，功能尺寸可能有更广泛的用途。人们可以通过运动扩大自己的活动范围，企图根据人体构造尺寸解决一切有关空间和尺寸的问题是很困难的。

（三）人体动态测量

人体动态尺寸测量是指被测者在动作状态下所进行的人体尺寸测量。任何一种身体

活动时，身体各个部分的动作都不是可以独立完成的，而需要协调一致，具有连贯性与活动性。人体动态测量会受到多种因素的影响。因此，不能用人体静态测量的数据来衡量人体动态测量的相关问题。

1. 肢体活动范围与作业域

（1）肢体活动角度。

肢体活动角度分为轻松值、正常值和极限值。轻松值多用于使用频率高的场所，正常值则用于一般场所，极限值用于不经常使用但涉及安全的场所。

（2）肢体活动范围。

人的动作在某一限定范围内呈弧形，由此形成的包括左右水平和上下垂直动作范围内的一定区域，称之为作业域。由作业域扩展到人—机系统全体所需的最小空间就是作业空间。一般来说，作业域包含于作业空间中。作业域是二维的，作业空间是三维的。

（3）手脚的作业域。

人们在日常的工作和生活中，无论是在办公室还是在厨房，都是或站或坐，手脚在一定的空间范围内做各种活动。这个域的边界是在站立或坐着时手脚所能达到的范围。这个范围的尺寸一般会用比较小的值来满足多数人的需要。手脚的作业域包括水平作业域和垂直作业域。

水平作业域是指人在台面上左右运动手臂而形成的轨迹，手尽量外伸所形成的区域为最大作业域，手臂自然运动状态下所形成的区域被称为通常作业域。

垂直作业域指手臂伸直，以肩关节为轴做上下运动所形成的范围。垂直作业域与摸高是设计各种框架与扶手的根据，用手拿东西或者操作时需要眼睛的引导，因此，架子的高度会受到视线高度的影响。受视线高度影响的还有抽屉的高度等。门拉手的位置与身高有关，一般办公室用门拉手的高度为 100 cm，家庭用门拉手的高度为 80~90 cm，幼儿园门拉手的位置相对较低。欧洲有些地区的门上会装有高、低两个门拉手，分别供成人和儿童使用。

（4）影响作业域的因素。

① 有一定的作业空间。

② 手的操作方式。

③ 活动空间内是否具有工具。

④ 并非任何地方都是能触及目标的最佳位置。

2. 人体的活动空间

人体姿态的变换与人体移动所占用的空间构成了人体的活动空间。人体的活动空间要大于作业空间。

（1）姿态的变换。

姿势的变换所占用的空间并不一定等于变换前的姿态与变换后姿态占用空间的叠

加。人在运动的过程中，重心会发生变化，力的平衡也会发生变化，还会伴随着其他肢体运动的变化。因此，不能保证占用空间等于上述空间的叠加。

（2）人体的移动。

人体在移动的过程中所占用的空间不仅仅包括人体自身占用的空间，还包括在进行连续性动作的过程中人体肢体的摆动所需的空间。

（3）人与物的关系。

人与物相互作用时所占用的空间范围，可能大于或小于人与物各自所占空间之和。人与物相互作用时所占用的空间大小，要视其活动方式而定。

（4）影响活动空间的因素。

① 着装。

② 姿态。

③ 各种姿态下工作的时间。

④ 工作的过程、方式以及使用的工具。

⑤ 民族习惯。

3. 测量方法

测量人体尺寸参数时，所使用的测量仪器有人体测高仪、坐高仪、角度计、人体测量用直脚规、人体测量用弯脚规等。我国已经制定了关于人体尺寸测量的专用仪器相关标准。

测量时应该在呼气与吸气的中间进行。测量有着严格的次序规定，从头到脚，从身体的前面，经过侧面，最后是后面。测量严禁压紧皮肤，要确保测量的准确性。如果没有特殊目的，一般只测量左侧。测量项目应该根据实际需求确定。

六、人体测量学在环境艺术设计中的应用

（一）数据选择

一般的建筑设计以及相关产品都有特定的使用人群，不仅要清楚地了解使用者的年龄、性别、职业等信息，还要了解特殊群体的数据，比如老年人与残疾人。这样的数据对于建筑设计是有帮助的，会帮助设计师设计的作品与使用者的尺寸特征相符合。

（二）基本原则

在设计中，要正确应用人体尺寸数据，对人体测量的基本知识有清晰的了解，熟悉相关设备的操作技能，了解工作中的工作环境、人的生理与心理的特征，这些知识是必备的。

人身体尺寸的数据是不一样的，但建筑设计不可能满足所有的使用者。

为了使建筑设计可以满足更多的人，根据建筑的用途以及应用情况，应用人体尺寸

时需遵循以下几项原则：

第一，极端原则。该原则根据设计目的，选择最大或最小人体尺度。由人体身高决定的物体，如门、船舱口、通道、床等的尺度要用最大尺寸原则，而由人体某些部位的尺寸决定的物体，如取决于手上举功能臂长的拉手高度时则要用最小尺寸原则。

第二，可调原则。出于对人的身体健康以及安全的考虑，在设计的过程中一定要遵循可调原则，也就是所选择的尺寸要在第 5 百分位与第 95 百分位之间可调，这样可以满足更多使用者的需求。

第三，平均原则。虽然“平均人”这个概念在设计中不太合适，但是很多建筑设计会采用平均数据作为设计的依据，也就是会以第 50 百分位数值作为设计依据。

（三）衡量标准

1. 舒适性

尺寸衡量标准的设定是为了满足不同的使用条件。火车卧铺按照功能尺寸来衡量肯定是合理的，但肯定没有五星级酒店的大床睡着舒服。坐过火车的人都知道，火车卧铺的高度也是不等的，但宽度是一致的。火车卧铺的宽度是为了满足功能的需要，酒店床铺的宽度不会像火车卧铺的宽度一样，舒适性也是有选择尺寸标准的。

2. 安全性

在一些涉及安全问题的场所，往往会使用极限尺寸去限制或保护人们以避免发生危险。这些尺寸的使用是以安全性为标准的。

（四）注意事项

在实际的设计过程中，尺寸并不会很精确，还会受到形式的影响。例如，公共场合中的大门把手的设计，就需要考虑到形式的问题，不同材质和色泽的物体在环境中的尺度要和人的感受相结合。

明确设计的使用者与操作者的真实情况。设计的产品会有一定的针对性。因此，在设计过程中，一定要充分考虑使用者的特征，如性别、体型、身体健康状况等。

确定设计产品的类型。设计产品功能尺寸的主要依据是人体尺寸百分位数，选择人体尺寸百分位数又要依据产品类型。

第二节 环境艺术设计的环境心理学基础

一、环境心理学

（一）环境心理学概述

由于所接受的教育、社会文化、民族、地区等不同，不同的人在空间中的行为也会出现差异，行为特征与心理的研究对建筑空间环境的设计具有重要的影响。

在人与人之间的相互作用、人的行为方式中，空间环境的形态起着很大的作用。阿尔特曼认为，空间的使用既由人来决定，同时它又决定着人的行为。

人的心理活动并不是一成不变的，会随着时间与空间的变化不断变化，每一个人的性格、爱好、文化素养、气质不同，心理活动也千差万别，因此造就了心理活动的复杂性。心理学的研究也在不断深化，心理学的应用范围也在不断扩大。

环境心理学虽然是一门新兴的学科，但是也是一门快速发展的学科，环境心理学主要研究环境与人的行为之间的相互关系，作为心理学的一个重要分支，还是以心理学的相关概念与方法来研究人与环境、空间之间的相互作用关系。

（二）心理空间

人们并不仅仅以生理的尺度去衡量空间，对空间的满意程度及使用方式还取决于人的心理尺度，这就是心理空间。

1. 个人空间

每个人都有自己的个人空间，这个空间具有看不见的边界。在一般情况下，个人身体前面所需要的空间范围要大于后面，侧面的空间范围则相对较小。个人空间还具有灵活的伸缩性，人与人之间的密切程度就反映在个人空间的交叉与排斥上。但在一些特殊场合，对个人空间的要求不那么严格，如在拥挤的交通工具上或是在演唱会、足球场的观众席里。影响个人空间的因素有很多，如文化素养、社会地位、个人状况、喜好等。

2. 人际距离

人际距离是指人们在相互交往的过程中，人与人之间所保持的空间距离。

按照人的不同感官所反映的不同空间距离，将人际距离分为嗅觉距离、听觉距离、视觉距离，详述如下：

嗅觉距离。嗅觉的感受范围有限，当气味不是十分浓郁时，只有在 1 m 之内才可以闻到这种气味，当气味十分浓郁的时候，一般是在 2~3 m 处也可以闻得到。

听觉距离。听觉距离的知觉范围比较广泛，在 7 m 以内，交谈是没有任何问题的，在大约 30 m 的距离时，可以听清楚演讲，但正常的交流是有问题的，一旦超过了 35 m，一般就只能听到人的高分贝的叫喊声，具体内容就无法听清了。

视觉距离。视觉距离同样有相当大的知觉范围。在大约 100 m 的地方，可以看见人影或者是具体的个人。在 70~100 m 的地方，可以准确地看清人的性别与面貌。在大约 30 m 的地方，可以看清人的面部特征、发型和年龄。当距离小于 20 m 时，则可看清人的表情。如果距离为 1~3 m，就是进行一般性交谈时的距离。

3. 领域性

领域性是指个体或群体对一个地带的排外性控制。领域性行为运用于人本身的分析和研究始于20世纪70年代。

领域性与个人空间最大的不同就在于，领域性并不会伴随着人的移动而产生转移，领域性更加强调专属性，任何私自的闯入者都会遭到抵制。人与动物的领域性也并不相同，动物的领域性具有生物性，人的领域性则是会受到来自社会与文化等多方面的影响，不仅要兼顾生物性，还要兼顾社会性。

（1）领域的类型。

主要领域。指个人或群体所拥有或占用的空间领域，可限制别人进入，如家、房间以及私人空间等。

次要领域。与主要领域相比，次要领域显得不是那么专门占有，这类空间领域谁都可以进入，然而还是有一些个人或群体是这里的常客，所以这类领域具有半私密半公共的性质，如会所、俱乐部等。

公共领域。公共领域中个人与群体就谈不上占有空间，如果一定要说有占用，只能称之为暂时性的，当使用结束之后，这种短暂的占用也会随之消失。

（2）领域性的作用。

安全。安全是基本的需求，很多占有领域都是出于对自身安全的需求，在领域中可以感受到安全。不管是人类还是动物，只有在领域的中心才会有安全感。对于动物的相关研究表明，安全、食物与性并不能完全代表领域行为的主题，如大草原上如果只有两只鹿，它们还是会划分出彼此的边界，并不会因为空间的大小就模糊领域的概念。

如果在岛上放养一群罗猴，他们自然而然就会形成一个个的小群体，群体之间还会有领域界限，如果有猴子试图越过边界进入对方的领域，就会被该领域内的猴子攻击，个体间、群组间都会出现对领域的争夺，如争地域、争房子等。

相互刺激。不管是动物还是人，为了领域产生的斗争也时常发生，只是表现形式不同而已。刺激是机体生存的基本要素，如果个体失去刺激之后，就会出现心理与行为的失常。

自我认同。领域之间维持各自所独有的特色，可以更好地区分彼此。但是，如果出现控制某一领域的情况之后，这种特色就会被弱化。

控制范围。控制领域的方法主要有两种：领域人格化与领域的防卫。对于一个领域的控制范围来讲，边界是最容易产生矛盾的地方，边界的重要性自然就体现出来了。大到国家、民族，小到个人都会涉及边界问题，举例说明，假如你的办公区域被人无故侵占，你肯定不愿意，这就是领域性的重要性。

4. 私密性

私密性并不等同于个人的独处，私密性强调的是个人与群体有目的或者是有选择性的与他人接近，其可以决定交往的方式与途径，可以选择在什么时机与他人交换信息。

私密性与公共性是相对概念，都是人的社会需要的私密类型：① 孤独；② 亲密；③ 匿名；④ 保留。私密性的作用：① 个人自我感受；② 表达情感；③ 自我评价；④ 隔绝干扰。

二、环境行为学

（一）环境行为学概述

环境行为学作为一门新兴的学科，主要研究人的行为规律以及人与环境，人与人之间的相互关系，研究范围很广，会涉及很多因素。环境行为学的基本观点是人的行为与环境在一个交互作用的生态系统与环境中可持续发展的过程。环境与行为的交互性作用可以归纳为以下几方面的内容：

① 环境提供知觉刺激，这些刺激能在人们的生理和心理上产生某种含义，使新建成的环境能满足人的生理、心理及行为的需要。

② 环境在一定程度上鼓励或限制个体之间的交互作用。

③ 人主动建造的新环境又是影响自己的物质环境，是一个新的环境因素。

（二）人的行为与环境设计

1. 行为空间的尺度

以人在环境中的行为表现，将建筑空间划分为大空间、中空间、小空间、局部空间等行为空间。

大空间是指具有公共行为的空间，空间尺度较大，空间感开放。中空间是指具有事务行为的空间，既不属于单一的个人空间，也不属于相互没有联系的公共空间，既有开放性，又有私密性。

小空间是指具有很强个人行为的空间，具有很强的私密性，空间尺度不大，可以满足个人的行为活动需求。局部空间是指人体功能尺寸空间，可以满足人的活动范围与动态活动需求。

2. 行为空间的分布

以人在环境中的行为状态将行为空间的分布划分为有规则与无规则这两种情况。

（1）有规则的行为空间。

有规则的行为空间大多数为公共空间，主要表现为前后、左右、上下以及指向性分布状态的空间。

前后状态的行为空间，一般是指具有公共行为的空间，例如，普通教室、观众厅等。前后两个部分的人群分布，要根据行为的具体要求，重点是根据人际距离来确定行为要求。

左右状态的行为空间，如我们常见的展览厅、画廊等具有公共行为的空间。在设计这类空间的时候，要着重解决安全与疏散问题，使用消防分区的方法来设计空间。

指向性状态的行为空间，一般是指通道、走廊等具有明显方向感的空间，在设计过程中，一定要注重人的行为习惯。空间方向一定要明确清晰，并具有指导性。

（2）无规则的行为空间。

无规则的行为空间一般是指个人行为较强的空间，在这类空间中分布的状态没有被十分严格地要求，一般比较随意，在设计这类空间的过程中，不能过于死板，一定要灵活掌握。

3. 行为空间的形态

常见的空间形态有圆形、方形、三角形及其变异图形，如长方形、椭圆形、钟形、马蹄形、梯形、菱形等，以长方形居多。究竟采用哪一种空间形态，要根据人在空间中的行为表现、活动范围、分布状况、知觉要求、环境可能性，以及物质技术条件等因素来研究确定。

三、环境行为心理学在环境艺术设计中的应用

（一）环境设计应符合人们的行为模式和心理特征

当今社会自然环境的恶化引起了人们对环境的关注。环境应该怎么样才可与使用者的行为心理相一致？这就需要人们对环境行为心理学进行深入研究，研究人们的行为与心理在环境艺术设计中的作用与关系。

在过去很长一段时间中，设计师对自己设计的作品都十分有自信，他们坚信可以实现按照自己的意志创造一种新的秩序，环境就是人的行为的决定因素之一，使用者会与自己的设计初衷相一致。这样的观点无疑造成了人与环境的隔阂。

环境艺术设计并不是一门单独的理论，也不是一种纯粹的技术，而是涉及了多种学科领域的综合内容。人们通过对环境、行为、心理之间关系的研究，试图探索出行为、心理、环境三者之间的具体联系，使其满足人们的物质与精神需求。

环境艺术设计归根究底是为人类服务的，但人的需求是动态性的，会根据不同的社会背景与情境产生不同的心理特征，对需求的要求也会产生变化。

了解特定场所与行为的规律，可以使环境设计发挥出最大的价值。

环境艺术设计需要了解使用者在特定环境中的行为与心理特征，避免出现设计师只凭借自己的主观判断，毫无思考地进行设计的现象发生。环境艺术设计在无形中为设计者与设计师构建了一个沟通的平台。

（二）认知环境和心理行为模式对组织空间的提示

合理安排环境场所的各种功能，提高环境的使用效率。合理地利用空间的流动，在日常生活中，人们出于不同的目的，会从一个空间移动到另一个空间，空间流动会呈现出明显的规律性与目的性。人群在空间中的流动，是确定环境空间的规模以及相互关系

的重要依据。

除此之外，还可以利用空间分布。空间分布就是指人们在特定的时间段中的分布情况，根据环境空间中的分部情况可以归纳出一定的规律。人们在环境空间中的分布归纳为：随意、扩散、聚块三种形式。在人们的行为与空间中存在着密切的联系，呈现出了一定的规律性。

从这些规律中可以看出风俗习惯、社会制度、建筑空间构成等因素的影响，从局部推测整体的规律，再将这些规律一般化，就会形成行为模式，设计师以此为依据进行方案设计，最后确定方案的可行性，落实方案。

（三）使用者与环境的互动关系

在特定的社会关系中，人会同时被看作是主动的、被动的，会根据具体的情况来决定人的主动与被动的位置。在这种人与环境的互动之中，人的生活方式的变化会对空间需求产生影响。

环境艺术设计更应该注重对人们生活规律的研究，实现人们对空间环境的需求，在现实生活中，不可能所有的人都会按照设计意图来使用空间环境，这种情况要因人而异，具体情况具体分析。

一场优秀的戏剧舞台设计与演员的演出是相互促进的关系，对于设计过程中的现状与使用现状也是一样的关系，两者之间的关系并不矛盾，从某种程度上看，人们塑造了文化环境，但是空间环境也在影响着文化环境。

第三节　环境艺术设计的美学规律

一、注重环境艺术设计的形式美

环境艺术设计的意义就在于表现空间的使用价值。空间的审美价值会通过空间的功能展现。如果功能的意义不明确，可以借助一些方法进行暗示，弥补缺失的意义。

在环境艺术设计中，分析设计的符号、创新、构成的过程时，不难发现空间的特性，即多元性、重复性、重构性、变形性、隐喻性，这些特性共同造就了环境艺术设计的多样性，应用在具体的环境艺术设计中时，具有锦上添花的作用。

环境艺术设计就是建立环境的组织化与结构化的方法，环境的美化与装饰的关键原则就是将设计中的基本元素整合在一起，形成一个综合体。环境艺术设计有三个关联的功能可以提升环境的机体健康：第一，增加环境的可识别性；第二，提升环境的品质；第三，突出环境的特征。

视觉效果是衡量环境艺术的重要标准，具体为视觉秩序的平衡、对比、韵律、尺度等，环境艺术设计就是创造愉悦的视觉活动，也是一个追求快乐的视觉形式的塑造过程。

环境艺术设计并不是简单地将所有的使用功能综合起来，而是将环境中所需要的基本元素与复杂的功能结合在一起，换句话说就是将综合的因素融合在一起，满足人们的不同需求，具体而言就是要满足以下几方面的要求：

（一）统一与多样

统一和多样是环境艺术中的基本造型术语，环境艺术作品的优美性必须要立足于统一与多样之上。统一就是指环境艺术设计中的构成的协调关系，包括色彩、造型形状和肌理等方面；多样则是说明在环境艺术设计中，类似于同一线性的粗细、长短和疏密变化等造型元素的差异性。

任何造型艺术都是由好几部分组成的，这些部分相互间既有联系又有区别，只有按照一定规律将部分合成一个整体，才会体现出其艺术的感染力。统一与多样是彼此对立和依存的，存在着辩证关系，缺少任何一方都会显得单调，会出现杂乱无章的效果，也就无法构成美。因此，环境艺术设计要想符合形式美的法则，就一定要创造出统一和多样的形式。

（二）均衡与稳定

人类自古以来就重视重力，在与重力斗争的过程中，还形成了一系列关于重力的美学概念，也就是均衡与稳定。人们在认识自然现象中明白了，生活中的所有事物都需要做到这两点，且在达到这一过程中还要具备一定的条件，例如，可以像人一样身体是左右对称的，或是像树一样下部粗而上部细等。并且，人们也在实践造型的过程中发现了均衡和稳定的基本规律，这一原则的造型，在实践中不仅体现了人的舒适感，也证明了构造的安全性，于是，人们在进行环境和建筑设计时，要始终保证均衡和稳定的原则。

均衡表现为两种形式，即对称与不对称。均衡的应该是对称的，再加之其还体现了严格的制约系，所以还具有完整的统一性。均衡的对称常常会有稳定的平衡状态，其重点一般都会存在轴线。在很早以前，人们就会将这种形式应用于环境和建筑设计中，无论是过去还是现在，都有许许多多的著名建筑，它们通常会用对称来获得均衡与稳定，以及工整严谨的环境氛围。

（三）韵律与节奏

韵律和节奏本来是音乐中的常用术语，后来才在造型艺术中表现出了美的形式，其特性为连续性、重复性和条理性等，其也可以说是一种秩序，自然界中这种有序的形态到处都能见到，比如大海中的层层波涛和远山的绵延起伏等。

相同或相近形态间有排列规则的变化关系是可见韵律的表现形式，就如同音乐中的乐章，有着明显的节奏感和韵律美。

重复以时间和空间为基础的环境艺术构成要素，是韵律的设计原则。这样的重复不仅在视觉上体现出了整体感，还能将观察者的视觉和心理韵律引导到同一构图之中，或者是在同一个空间中按照同一条行进路径连续做出有节奏的反应。韵律还可以在室内细部处理和立面的构图、装饰中，通过元素渐变与重复等形式体现；能在空间序列中，通过空间的纵横、宽窄、高低和大小等变化得以体现。

让人满意的开放韵律一定结束在尽端。有韵律关系的形式无论在空间中的点、线、面哪个方面有重复，都会带来一定的方向感和运动感，人们则会在这些暗示下于空间之中穿行。韵律除了会使人们产生连续的、愉快的趣味，还会让其在思想上，对末端将要出现的，重要且让人激动的事物有所准备。因此，作为开放式的韵律，结尾是必不可少的，且还应是一个非常重要的高潮，用来表明之前所做的准备都是必要的。

建筑环境中体现韵律美的方式非常广泛，从古至今，无论东方还是西方都存在着充满节奏感和韵律美的建筑，也正是人们常常将建筑称为“凝固的音乐”的原因。

（四）对比与类似

类似的意思是在要素间应有相同类型的因素，而对比意味着造型因素在互相衬托中存在差异因素，两者对于形式美来说都是不可或缺的。类似可以为了和谐而让相互间存在共同性，对比则可以通过双方的烘托体现其不同特点。人们感到单调时常是因为没有对比，而将对比进行过分强调时还会丧失相互间的协调，结果就是彼此孤立，因此，正确的做法应该是巧妙地将两者进行结合，实现有变化但又和谐的一致。在设计环境艺术时，不管单个或群体、局部或整体，在外部还是内部，其形式要想完美统一，就要运用到对比与类似的手法。

（五）比例与尺度

比例中有比率与比较的含义，在环境艺术的设计中是指部分与整体之间的数量关系。早在古希腊时期，人发现了黄金比，也就是我们常说的黄金分割率，同时也是人们常说的最佳比例关系。

黄金比的意思也就是说可以将一个线段，分成一段长和一段短，要求长与短的比例同整段长度和较长部分的比例一样，如果在造型中应用到了这种长短的比例关系，就能称之为美的形式。环境艺术所设计形象的很多方面都需要我们运用理性的思维，做合理的安排，如空间分割的关系、所占面积的大小和色彩的面积比例等。

人与他物间形成的大小关系即为尺度，其中形成设计的尺度原理和大小同比例也有一定的关系，这两者都是用来处理物件相对尺寸的。其不同点就是，尺度体现的是相对于公认常量和已知标准的物体的大小；比例则是组合构图中部分之间的关系。

好的环境艺术需要好的、合适的尺度，有着不同用途空间的不同环境决定了多样的尺度关系类型，每个空间环境的效果都要按照其不同的使用功能获得，并且还要确立好自己的尺度。

环境艺术要想具有一定的尺度感，就需要在设计中引入一个可以参照的标准，找好参照物，这样才可以产生尺度感。事实上，环境艺术的真正尺度就是人，人才是最标准的参照物。只有这样的尺度，才可以让人感受环境艺术的整体尺寸，从而确定究竟是高大雄伟还是亲切宜人的。

（六）质感和肌理

每个人对于不同的材料质地有着不同的感受，这种感受可被称之为质感。所谓质感是指物体表面的质地作用于人的视觉而产生的心理反应，即表面质地的粗细程度在视觉上的直观感受。质感的深刻体验往往来自人的触觉，不过由于视觉和触觉的长期协调实践，使人们积攒了经验，常常是光凭视觉也可以认识到质地的感觉。因此，也可以得出，环境艺术设计过程的重要内容就是应该对各种材料的加工、形态和物理特征等有正确的认识与选择。

环境艺术中的肌理有两方面的含义，其一指的就是环境各要素的构成中形成的协调统一和富有旋律的图案效果。这种肌理的形成原因可以有很多因素，如植物等自然要素、一些材料或是建筑物本身。室内环境内外部的细节设计中，最不能缺少的就是对一种或几种材料肌理的变化的追求。它不仅可以在变化中表现出情趣，还能体现其和谐、统一的形式，即使是在与其他环境的对比过程中，通过肌理的对比与反差，也可以形成视觉的冲击力，成为环境空间中的核心内容。肌理的变化是有一定规律的，这样会为环境空间营造丰富的氛围，并给予人心理以不同感受。其二指的就是材料在人工制造中产生的工艺肌理，与自身的自然纹理相比，其可以在很大程度上提升美的质感。在理解肌理时，我们可以将“肌”当作原始材料的质地，将“理”当作是纹理起伏的编排。就像是一张白纸，经过折叠后可以折出不同的形态。花岗石可以磨成镜面，虽然材质没有发生变化，但是肌理形态却有所改观。因此，我们可以看出，“肌”是对纹理的选择，但“理”却可以设计出更多的可能，所以，我们在今后的环境艺术的设计中，更应当注重对纹理的设计。

（七）整体的均衡

在环境艺术设计中，均衡不仅仅体现在了视觉在静态状态下的景观立面的印象中，运动中的视觉所捕捉不到的不同景观立面，更是体现在了序列产生的影响之中。因此，可以得出这样的定义，均衡如果在景观立面的设计中得到了确定，那么在复杂的平面中也会得到同样的确定。

环境景观的均衡，在绝大多数情况中取决于平面，平面决定了景观的元素布局。平面的重要性就体现在，人们在环境景观中会先看到什么，再看到什么，也就是视觉感受的顺序。所谓的均衡就是指具体构图中积累的最终成果，这个成果包括平衡、不平衡的体验累积总值。

一个人的正常活动路线是一条径直向前的直线，但由于客观因素的影响，可能会出现路径的改变，如果这个人改变了方向，我们还可以通过暗示的方法进行矫正，暗示的出现是均衡的体现。

在整体的均衡中，我们不能要求做到每一个视点都是均衡的，因为绝对意义上的均衡是做不到的，只能做到相对意义上的均衡。环境艺术设计必须立足于运动的自然过程，人们会将上一个不平衡的场景中的视线带入另一个不平衡的场景中，这种不平衡的体验会在下一个或者以后的环节中得到矫正，得到新的平衡。这种均衡是一种宏观意义上的均衡。

二、环境艺术设计中的美学特质

设计美是人类设计活动的产物，和传统的艺术美有着诸多相通之处。但就其现实存在的形态和审美倾向而言，它与传统的艺术美又有着显著的差异与特点。设计美是产品物质功能、实际效用、科学技术与审美表现的统一，是产品在合于规律与合于目的的统一中所表现出来的整体自由。其特殊性主要表现在功利性、兼容性和立体性上。

（一）功利性

和传统艺术美所追求的纯粹精神性不同，设计美的价值取向首先与产品的功能目的相联系。相对于传统纯艺术，环境艺术设计作品中的功利性更显著、更集中、更典型，而设计产品的形式表现也始终遵循着从功利向形式转化的这一条路线。

首先，这种功利性的基础性追求，使产品设计必须具有直接的实用目的，蕴涵与实用相关的理性内容。比如原始时代的弓箭设计，其首先来自人们在实践中对于形式目的由模糊到精微的感知，弓的弧度、箭镞的对称、弦的韧性逐渐形成了弓箭大致的形式。而且古往今来，从原始陶罐到现代的日用器皿，绝大多数都是圆形的，一方面来自生活的需要，另一方面是因为圆形能够以最小的圆周构成最大的容积，节省材料、便于旋转制作。功利性也反映着人类生存的需要、使用的便利、经济的节约和技术的水平。功利中有非精神化甚至限制精神性的一面，但同时它又为人类精神性的提升提供了唯一的基础，正是功利的基础性才为人类精神审美的实现提供了现实的可能性。

功能性的发挥、现实使用的满足，给人带来了相应的生理快感，形成了一种生理与心理的共同愉悦，这种愉悦随着产品实用性与形式感的进一步融合，逐渐变得纯粹，甚至逐渐加强，在人与设计产品的交流中，形成了物我统一的和谐与默契，融合了人与外物的复杂情感，并最终达到了人类自身本质力量、能力、智慧的自由，对于产品设计的审美也由此成了现实。

所以优秀的设计作品一定能够使人们达到这种由生理快感到审美情感的提升，超越其固有的功利层次，体现出蕴涵功利的审美境界，让人们能够在充分享受物质功利带来的便利的同时，获得精神上的享受。比如汽车的制造，最初是简单地模仿马车的样式，但随着人们对汽车速度要求的不断提高，车身形式的阻力成了障碍，并影响到驾驶人员的安全，于是开始出现封闭式的流线型车型，小汽车的造型由船形发展到甲虫型，再到鱼型、楔型，外形线条日益简洁、流畅，显现出了形式的美感。

因此，对设计产品功利性的深刻发掘以及对现实条件的掌握，是设计美形成的关键，设计功利的成功实现，不仅带来使用的快感，还将在设计美感中占据相当的比重，成为美感融合的一部分。那么对于设计者而言，就必须首先同时重视对设计中实用性能和生理快感的研究，扩大快感满足的范围与深度，将设计的理性尽可能完善地表现在产品审美的表达当中，实现产品目的与规律、形式与内容的完美统一。

（二）兼容性

与传统纯艺术的形式性、观赏性、表现社会信息的间接性不同，艺术设计必须涵盖社会整体文明现象的方方面面，是社会生活、道德伦理、市场需求、科学技术、思想情感、审美思潮等综合性汇集的兼容性表达，包含着自然美、社会美、技术美、艺术美、思想美各个方面的内容。这一现象与人类的综合性需求息息相关，人类的需求是由物质与心理共同构成的，人们不仅仅需要寻求物质功利的便利，还需要在社会文明中全面地表达自己，寻求全面发展的最大可能性，而其中也自然包括了对精神性提升的可能性。

设计美学的另一重要特点还表现为对自身设计风格与大众消费需求的兼容。与传统纯艺术侧重艺术个性、自我表现不同，艺术设计必须考虑市场消费人群的普遍审美倾向，有意识地发掘、契合、创造普遍性的美感。设计者首先必须做市场调查分析，了解目标消费群的经济收入、心理特点、文化程度、消费倾向、审美情趣，并将其综合分析，以此作为艺术设计的根据。而设计师的创作个性与风格也只有在融合到大众消费的审美情趣中时，才能得到充分的表达与实现。

除以上所讲的横向的综合兼容外，优秀的环境艺术设计作品还应该能够实现一种形而上的兼容与表达，以实现艺术品思想境界与哲理意蕴的提升。

（三）立体性

立体性即设计作品美与美感表达的全方位性。传统意义上的纯艺术作品，如绘画、摄影、音乐、雕塑、书法、影视，其表达形式常常是平面的、单维的或局部的，而相应的审美感受也常常比较单一。

艺术设计作品则明显不同，因为它所针对的不是对局部制作的幻想，而是整体的现实社会生活与人类全面的审美感知。从视觉、听觉到触觉、味觉、嗅觉，从衣食住行到审美的各个方面，艺术设计能够渗透到我们生活的各个空间。

立体性首先表现为对设计作品全方位的审美。和传统纯艺术不同，使用者对于作品的欣赏是所有审美感官与作品构成的全面接触，涉及产品的用途、材质、结构、形式、环境等各个方面。比如与触觉、视觉、嗅觉相对应的材质相对于传统的纯艺术，艺术设计作品对材质的重视与表现更为突出，因为作品的质量好坏与其制作原料直接相关。材料的坚固与柔软、温暖与凉爽、粗糙与细腻、稀疏与紧致、明亮与暗淡等不同特性，与使用者形成了直接的视觉与触觉的接触，使用者在与产品接触的过程中所形成的快适与愉悦，共同构成了美感的基本因素。

同时，由质地所构成的材质的物理性、化学性等自然因素也能够显示出相应的美感，比如：实木质料的朴实、温润、中和，钢材质料的坚固、冷峻、简洁，玻璃质料的洁净、明澈、光洁，都能够构成触觉与视觉相关的美感。此外，除了产品的功能外，结构、形式也是艺术设计作品的重要部分。富有美感的线条、独特奇妙的造型、新颖独特的想象常常能够为艺术设计作品增添与功能内容相结合的形式的美。如中国传统的瓷器艺术，正是从内容到形式，从实用到审美，从功利到意境，满足了人们多种感官审美需求的伟大设计。

美学与艺术设计心理结构密切相关，它是建立在人们共同的生理与心理基础之上的，是一种特殊的心理反应，也是一种理性的认识活动。

形式美也和人们的情感因素密切相关，直线给人以刚直、坚硬、明确的感觉；曲线具有柔美、优雅、轻盈的感觉；折线具有动感、节奏、躁动的感觉；几何形具有明确、简洁、秩序的感觉等。由此衍生出了艺术设计审美中的最高层次——情感美，只有具备内形式的美和外形式的美才能迸发出情感美，情感美是客体与主体的共鸣，彰显出了设计师和消费者的品位和情调。

人类历史上的每一次美学思潮均对当时以及后世的艺术设计产生过深远的影响。美学思潮影响、带动着艺术设计，而艺术设计又表现并推进着艺术思潮的发展。从古代到当代，艺术设计都会直接或间接地与艺术思潮相关联。

美学思潮史就是一部艺术设计风格的演变史。每一个人类历史的不同时期，其重要的美学思潮、审美风尚、审美观念都会在艺术产品的制造中留下痕迹。

从技术到原则，从原则到原理，三个层面的思想与作品的沟通千姿百态、显隐交织，但是绝无终止。

作为一种功利主义的美学观，“美在效用”最早是由古希腊哲学家苏格拉底提出的，对后世影响深广，中国的墨子、韩非子也有过相似观点。这一美学观认为，美中必然包含着功利与效用，与物品的使用者相关，美的作品必然包含扎实、耐用、合用。用美学的语言来讲叫作“美的合目的性”，凡是美的事物必然最为合理，最符合人自身的目的，而美产生于对功利性的逐渐扬弃之中，最后由人们将其提炼升华为蕴涵功利的美。在设计思想史中，功能主义设计观与这一实用主义思想源流一脉相承，其在中西器物文明史中占有极其重要的地位，并积极在实践中付诸表达。

第四节 环境艺术设计的原则

一、人、自然、社会三者和谐统一原则

（一）基本构成

人、自然、社会是构成环境的三大要素。人处在三者的核心位置上，统治、管辖着社会，影响着自然，有主动改造和治理世界的权利，但同时人也受到了自然和社会的制约。治理得好，自然环境与社会环境都能使人受惠，以至形成良好的循环，反之，如果治理得不好，人类就会受到自然环境与社会环境的报复，形成恶性循环。人虽然拥有巨大的能力，但同时也处在最底层，也是最脆弱的存在，受到了来自各方面的挤压和影响。

很长一段时期内，人类用拼资源毁环境的做法来谋求经济的发展，这样的发展是暂时的。科学技术以前所未有的速度和规模迅速发展，增强了人类改造自然的能力，给人类社会带来了空前的繁荣，也为今后的进一步发展准备了必要的物质技术条件。对此，人们产生了乐观情绪，认为掠夺资源是不会受到大自然的惩罚。然而，这种掠夺式生产已经造成了对生态和生活的破坏，大自然已经向人类亮起了红灯。

环境艺术关心的是环境，但实质是需要协调环境、社会、自然三者关系的。即便是大部分设计内容都是在人工环境内发生的，但也不能完全排除与社会、自然之间的关系，为了构建更加舒适的环境，人们的设计应该更贴合自然。

中国一直追求自然万物与人类的和谐相处，人与自然万物应该受到平等的对待。我国的古人也是这样做的，因此，古人很少会破坏自然，他们追求的是适应自然。生态环境的发展必须要尊重自然规律，实现人与自然的和谐共存。

现代环境艺术设计要根据不同的区域气候特点与地理因素，充分利用当地的材料，传承当地的文化，将现代的新兴技术与合适的技术结合起来，构建适合当今发展的环境艺术。

现代环保艺术设计可以说是将传统的美学设计与现代设计进行结合的重要纽带。在环境设计中，会尽可能地将自然环境引入室内环境，利用自然条件完成室内环境的生态设计，实现传统美学中的多元原则。

审美活动的多样性、审美主体的个性差异、创造风格的多元变化均是传统美学中多元性的体现，中国古人重视对自然环境的感知，不仅会感知自然环境中美的存在，还会

利用不同的艺术形式来称赞美。

美的形式是丰富多彩的，自然界中的不同形式都具有不同的美感。由于审美主体的不同，人们对美的看法也是不同的。创造主体的差异性使得创造出来的艺术也具有不同层次的美感，人们追求美，提倡美的多元化，鼓励将传统美学与现代环境艺术设计的思维相结合，探索出更多的设计风格，满足人们对环境艺术设计的需求。

（二）主要任务

既然人与自然环境是这样相互依存的关系，那么，作为环境艺术设计师，追求二者的和谐统一就成为其工作的首要任务，这也是其设计事务中要坚守的设计原则和评价设计成果的首要标准。不仅是设计师，城市规划师甚至城市的领导都要有这样强烈的意识，对什么是和谐统一要有清晰的认识。落实节约资源和保护环境的基本政策，建设低投入、高产出，低消耗、少排放，能循环、可持续的国民经济体系和资源节约型、环境友好型社会。坚持开发节约并重、节约优先，逐步建立全社会的资源循环利用体系。实行单位能耗目标责任和考核制度。增强全社会的资源忧患意识和节约意识。这都是政府在宏观政策上对和谐统一的要求。

具体在设计上，我们要明确设计的本质，而不是盲目地加大设计成本和一味追求高端市场以获得设计“成果”与社会影响，要以实事求是的客观态度，从设计的本质出发来提升设计的根本价值。值得注意的是，在如今设计领域，形式主义浪潮暗涌、走资本式生活路线的风气较盛，有必要重提安全、卫生、节能、清洁、高效等实用性功能要求，它们应该成为设计意识上设计风格的主流。

设计的平民化作风在当今浮躁的风气下对我们发展中国家更有特殊意义。

（三）可持续发展的设计观

人类的欲望可以无限膨胀，会不断地向社会与自然索取，可持续发展设计观的核心就是保护资源与环境，合理利用自然资源，自然资源不能只是我们这一代的资源，更应该让我们的子孙后代都可以享受到良好的自然资源与环境。

设计观就是发展观，就是世界观。我们要提高节约意识。节约并不是节制，而是一种科学的、有计划的、长效的发展意识，是一种智慧和进取。

全球化、城镇化都对未来的环境设计提出了挑战，尤其是能源、资源所引起的挑战。环境艺术设计师面向未来的环境发展，应该形成可持续发展的观念，充分发挥出生态系统的功能。我们要清楚地看到，部分欧洲国家文明和文化对文化所属的认知范围、文化身份的认同以及在执行具体设计案例时对可持续发展策略的具体运用。

二、尊重地域文化的原则

设计是文化的一种外在流露，文化是设计的内在动力，因此，设计的文化取向和品位反映出了设计价值内在的含金量。环境艺术是与人们生产生活密切相关的设计艺术，对人类有重要的指向和定位作用。

尊重地域文化是近几年来环境艺术设计所重视并引导的设计原则。在经济与技术高速发展的时代背景下，已经有相当一段时间受官本位“形象工程”的思想影响，设计开始盲目地走向了城市化、技术化的道路，认为只要依靠某种高科技材料和手段来装饰门面，就可以达到城市化、技术化的效果，这种思想现在还错误地影响着年轻的设计师们。这是我们的短视，更是对设计理解的偏差。与之相反的是，作为设计师，最关心的内容之一恰恰应该是合理地保护、挖掘地域历史文化，这也被称为本土化的设计观。

只有设计师经过深刻的思考和理性的分析，寻找地域文化的因素，因地制宜，延续、整合和变异，才能得到符合地域、文化的设计成果，成功地表现不同地域的传统特色。当今环境艺术设计的城市开发形态和地域特征基本被设计师和建设者们抹杀掉了，由此带来了城市记忆的迷失、城市自豪感的缺失以及身份认同感的磨灭。因此，设计师要有这样的责任感：建设具有地域和本土特色的环境艺术。

随着全球化在世界范围内的迅速展开、民族文化的觉醒以及民族自信心的增强，世界文化与民族的、地域性文化既互相矛盾又互相联系，使世界变得越加错综复杂，地域建筑文化乃至环境艺术都摆脱不了世界文化圈的“磁力”，特别是在数字社会里，这种磁力在经济、文化方面日益增强。如何面对传统、面对现实、面对自然界，历史发展的长河给了我们深深的启迪。

（一）对地域生态特征的保护

众多有识之士已经发现，城市面貌越来越趋同，环境没有特色，长此以往，最终将带来文化的迷失，使人类丢弃主人翁身份，成为环境的奴隶，设计师也将成为打印机，设计出来的东西也将毫无差别。而地域生态特征是最容易辨识的原生形态特征，这是我们进行环境艺术的城市设计、建筑设计和景观设计不可忽视的地域要素。具体来说，生态特征有以下几个方面：

① 地形特征：形成地域的主要地形，如山体、平原、丘陵。

② 植被特征：由土壤、气候、水资源等因素决定而形成的植被情况。

③ 水体特征：是否有显著的水源，如海洋、河流、湖泊、泉源等。

④ 气候特征：在设计中反映出日照、风向等气候特征。

（二）对地域生活形态的利用

环境艺术设计应该从人的基本需求出发，满足人不同的需求层次。主要是满足人们对新技术、新的生活方式的需求，除此之外，还要满足人们对地域特色的认同，新的技术与地域生活并不冲突，应该寻求一种更加合适的方法，将现代技术与地域特色融合在一起。

高明的设计往往对地域文化中的人进行了深入的思考，生活形态是其中的主要内容——居住在环境中的人以何种行为与环境发生关系？当我们提出这样的问题的时候，设计就不再是空中楼阁，而会显示出扎根于生活的原始生命力。现在，很多敏锐的设计师已经观察到越是找到贴近人们生活原形态的设计，就会对人们有越持久的吸引力。具体来说，地域生活形态有以下几个方面：

① 生活中，人们在传统中形成的与环境的交流方式。如有的城市喜欢喝茶，有的人喜欢盘坐在炕上，设计师要留意这些生活中的细节并积极去应用。

② 基于地形、原有生活习惯、审美标准等，人们生活在千差万别的环境中，生活中充满了各种情趣，设计师要观察到这些并有意识地保存和巧妙地利用。

③ 传统的习俗运用到设计中来。如起居饮食方面，有的地方习惯席坐、有的地方在炕上起居、有的地方则惯于排坐，那么在进行室内设计时就要考虑到这些因素。

（三）对地域历史文化的挖掘

地域历史文化关系到文化的完整性，一种文明或者是文化的消失与解体不仅仅是对自然的破坏，更多的是人类的无知所造成的，人文景观对于我们人类而言只有一次，历史不会重演。因此，我们要重视地域历史文化价值，要善于挖掘潜藏着的价值。

三、以人为本的人文关怀原则

“人文主义”是欧洲文艺复兴时期代表新兴资产阶级文化的主要思潮，它强调人类社会经济生产和文化活动要以人为“主体”和中心，要求依据人的需要、人的利益、人的多种创造和发展的可能性进行开展。

对环境层面的分析有助于建筑设计的深入进行，要使建筑设计在功能、形式空间等方面与建筑所处的外部环境相契合。任何建筑设计之初都必须对建筑的外环境进行分析，大到宏观城市层面，小到建设项目场地环境，不同情况下的建筑对环境层面分析的侧重不同。对于环境建筑设计来说，一般情况下，首先与其设计过程联系最直接、最紧密的环境层面是指此建筑物的场地环境，也称为基地环境，通常设计前会重点详细分析，其直接影响着建筑的形态、布局等设计因素。

建筑物所处的这块场地也会受到周围环境的影响，与其所处的地段环境也有密切关系，因此，对地段环境的分析也必不可少。此外，城市层面的环境要素也应被考虑其中，其通常从宏观上、本质上影响着建筑设计的思路和方案，例如，此建筑在城市空间中的位置、城市历史文化因素的体现等。对于环境建筑来说，由于建筑规模一般不大，通常受宏观层面环境因素的影响较小，其场地层面的外部环境分析是重点，也是基础，地段环境和城市环境也需要考虑在内。在诸多的环境要素中，自然、人工、人文这三方面都需考虑在内，但不同的建筑类型对其重视程度也有主次之分。例如，生态类型的建

筑对自然因素考虑更多；现代主义建筑对人工因素考虑较多；而地域性建筑更加重视人文方面的因素等。

环境艺术设计的对象是人，任何类型的设计都不能也不可能脱离人的使用与参与。以人为本的人文关怀思想对设计的出发点有重要的关注价值。在环境艺术设计中，人文关怀原则主要体现在以下几个方面：

（一）功能第一原则

把功能放在第一位，这表明了一种设计态度。这种态度摈弃了任何花哨、虚浮、功利的设计，而采用实在、实用、节约的设计。在当前，设计成了知识、成了表明某种身份的工具，重提“功能”有特殊的意义。因此，它是环境艺术设计的通用规则之一。

正如艺术中“内容与形式”的辩证关系一样，功能就是设计的本质内容，只有发现了真正的内容时，才会产生正确的形式。否则，一切形式都只会是短暂和脆弱的。那么，设计中的功能有哪些？

1. 切合实用需要

① 切实现实需要。

② 结合心理需要。

③ 结合经济需要。

2. 符合实际条件

① 符合自然条件。

② 符合经济条件。

（二）对弱势群体的关怀

环境艺术设计是反映一个国家经济、文明发展程度的重要标志。现代设计从它诞生开始就是指向大众的，如果我们只追求设计而忽略了占据更大比例的群体，我们也就失去了整体性。因此，关怀弱势群体应该成为环境艺术设计的原则之一。

值得注意的是，这里的弱势群体是指因年龄或者是疾病造成的生理性的弱势群体，主要是指老年人、残疾人。对弱势群体的关怀程度直接体现了设计的人性化，如果设计出来的作品可以得到弱势群体的认可，那就说明是有意义的。

谈到对弱势群体的关怀就要谈到无障碍设计。无障碍设计是指无论是谁、无论在何时何地都能让使用者感到方便的设计。它包含三个方面：

第一，舒适性。小到一个短暂停留的椅子，大到一个区域的整体规划，要让人感到轻松、愉悦，而不是负担、累赘。

第二，安全性。这里指的是可达性。在各种环境中，要使弱势群体能无阻碍地到达任何地方。

第三，沟通性。让所有必需的信息畅通，易于辨识，信息沟通没有障碍。

对弱势群体的关怀原则反映出了设计的价值观，这是整个设计界达成的共识。“爱的反义词不是憎恨，而是忽视。”从这个角度讲，环境艺术设计者应该是镶嵌着“爱”的工作者。

环境艺术设计的最终的目的是为人类提供舒适的居住环境，以人为本就是在进行环境艺术设计的过程中将人放在重要的位置，以人为本，对弱势群体进行关怀，这样的设计理念与我国传统的美学思想是不谋而合的。

设计师要根据现代人的情感需求以及审美要求进行设计创作，人们的生理与心理需求不同，自然对于环境艺术设计的内容要求也就会有所区别，将人本主义融入现代环境艺术设计中，不仅是对中国传统美学的一种传承，更是现代人们对美的一种追求。

以人为本的现代环境艺术设计思想不仅要关注消费者的心理需求与生理需求，更要关注如何为他们提供更加舒适的工作环境，在精神上给予他们一定的关注，尤其是要注重特殊人群对环境空间的使用，在环境空间的设计中一定要考虑到特殊人群的需求，使他们可以感受到来自社会的温暖。

第三章
环境艺术设计的要素与形式

第一节　空间与界面

一、空间的概念

空间是一种无形散漫扩散的质，在任何方向和任何位置上都是等价的。广义上的空间不仅指向建筑领域，还包括其他艺术形式。例如，音乐产生的声场、文学艺术的想象余地等都属于空间的范畴。在建筑中，能被人感知的空间是由空间内部因素、物体介入或界面围合等限定出来的领域。

二、空间的类型

（一）心理空间

据心理学关于空间感知认识的研究，人的空间观念是通过各种感官，由互不相关到相互协调，从了解外物到体察物我关系后才确定存在的。这种空间观念经过种种身体运动的经验，才从以自我为中心变为了以客观世界为中心的空间。没有身体运动的经验就谈不上客观的知觉。运动现象可分为两类：静的运动和动的运动。静的运动是不可视的运动。心理空间体察则离不开静的运动知觉，它没有明确的边界，但人们却可以感受到它的存在与实体相关，由具体的实体限定而构成。换言之，所谓的心理空间，即实体内力冲击之势（即内力在形态外部的虚运动），“势”是随空间变化的能量势的作用范围，可以通过“场”进行描述。

（二）物理空间

物理空间是指为实体所限定的空间，可测量的空间，是一般人所说的“空陈”。物理空间具有明显的轨迹，可以通过联系、分隔、暗示、引导等体现出空间的层次和渗透性，让其流动，以实现空间拓展。物理空间与心理空间是一个统一的整体。

三、空间的限定

（一）产生

空间天生不定型、连绵不断，只有开始被形式要素所捕获，才能逐渐被围起、塑造。空间的产生可以理解为从点这个原生要素开始，通过线、面、体的连续位移，最终产生三维量度。比如：一根立柱能建立以“点”聚焦的向心空间；两根立柱之间则有明显通过的线形流动感受；如果再在其上加上横梁，就具有了“门”的完形意义，暗示跨越到了不同领域；连续排列的列柱已经具有线要素限定的面的特性；墙面则是更封闭的垂直界定、它们与其他界面配合将空间围合，进而限定形式的视觉特征和体积。

（二）围合

单独界面只能作为空间的一个边缘，面与面之间或具有面的特性的形式要素之间，因位置与关联方式就能产生不同的围护感受。例如，平行面能限定空间流动方向，它们有的表现为走廊，有的构成墙承重体系。“L”形面一方面在转角处沿对角线向外划定了一个空间范围，越靠近内角的地方越内向，沿两翼逐步外向，又因其端头开敞、因此很容易与其他要素灵活结合。“U”形面有吸纳入内的趋势，同时因开敞端具有特殊地位，而容易在此产生领域焦点。四壁围合，有地面、有顶面是典型的强势限定，这种封闭内向的“盒子”随处可见。

围合程度体现出了对空间本质顺应或限定的不同态度、它与要素造型、界面关联以及门窗洞口方式有关。一方面，有的功能需要明确界限，以确保安全、私密和保温、隔热、隔声等物理要求；另一方面，也应尊重空间自由、开放和多义的倾向，让空间真正“活”起来。

（三）形态控制

空间形态不仅具有数学与几何特征，同时也承载着心理指向与不同意义。穹顶覆盖的圆形空间封闭完整，利于表现纪念性或集权，但这种绝对对称的型制，从中心至外围，每条射线方向上的“压强”完全一致，行走其中时，方向性的同化就成为其缺憾。因而需要从其他因素上施加差别，这样才能避免处处等同而无节奏。三角形因“角”的出现显示出了冲撞与刺激，但在锐角空间处则给人以逼仄感。同为斜线，45° 倾斜则还是指向中心，暗示对等平分；而诸如 10°、20° 等的倾斜则更具动势与力度；角度过小又容易被忽略而将其简化并纳入某种单纯完形视像中。自由曲线是舒展的形态，也有引导视线的主动优势，但其因曲率不同而代表不同情绪，因感性多变而难以控制，同时也难于与其他几何性要素、如家具等配合。矩形直角空间安定平和，容易与内部其他要素协调，是在空间与结构上最具经济性的基本选型。

空间形态的比例、尺度也受色彩、肌理等因素的影响，如深色顶棚、粗糙的界面肌理使房间显得更低矮，而浅色或白色光滑材质则有适当的扩张效果。

四、空间的分割

整体空间的分割同时代表了个体空间的围合程度，通常有绝对分割、局部分割、弹性分割、虚拟分割等。分割不等于分离，分离意味着游离出局，但分割还存在联系。

绝对分割的空间自主与独立性很好，也忠于私密性，但欠缺与外界交流的途径。事实上，真正意义的全封闭是不存在的，再封闭的空间也只是将与外部关联的渠道局限在门窗等洞口罢了。局部分割与弹性分割因阻隔方式的开放性和可变性给空间带来了很大的自由度。

一般实体界面是不能穿越的，但是虚拟分割既能透视，又能穿越。它利用要素突变，使人在主观体验过程中产生了视觉意象，心理也同时在邻接、转折或边缘处做了一个虚拟界面的“标记”。它以台阶、色彩、材质、照明、激光、影像等作分割手段，但没有持久的实物阻挡。在当今信息时代，机械、动力、通信、电脑、管理等多学科技术融合并共同创造出了智能化建筑。它们不再局限于实体的、可触摸的三维空间，而拓展为了数字化生存模式下、充分调动感知觉与想象力的虚拟空间。在建筑外部空间与环境设施设计领域，也出现了类似的智能化控制。有的广场可以在某一时刻以对喷喷泉形成稳定的抛物水柱“拱道”，供人们漫步其下，一旦喷射停止，将不构成任何围合。

五、空间的关联

（一）套叠

套叠是指空间之间的母子包含关系，即在大空间中套有一个或多个小空间。之所以称为“母子”，是因为两者有明显尺度和形态差异，大空间作为整体背景，同时对场面有控制性力度。当然，小空间也有彰显个性的需要，如果其骨骼方向与大空间相异，那么两组网格之间就会产生富有动势的“剩余空间”。

（二）穿插

穿插是指各个空间彼此介入对方空间体系中的重叠部分。既可为两者同等共有，成为过渡与衔接之处，也可被其中之一占有吞并，从另一空间中分离出来。原有空间经组合后其界限在穿插处模糊了，但仍具有完形倾向。

（三）邻接

邻接是指各个空间因在使用时序的连续或活动性质的近似等因素，需要将它们就近相切联系。邻接空间的关联程度取决于衔接界面的形式，既可是肯定、封闭的实体即“一墙之隔”，也可是利于相互渗透的半封闭手段，如列柱、半高家具等，甚至仅仅通过空间的高低、形状、方向、表面肌理的对比来暗示已经进入了另一空间。

（四）过渡转接

过渡转接是指分离的个体空间依靠公共领域来建立联系，由此实现功能变化、方向转换和心理过渡等目的。如果将任务书要求的各功能区域的面积总和与总面积指标对照，总有一定出入，这部分面积之差究竟代表什么。其实，并非所有空间都意义分明，除了担负着一种或多种用途的区域之外，还有一些“意义不明”的过渡转接空间，它们类似于语言中起承上启下作用的文字。

另外，过渡空间具备更多“不完全形”的特质，就像禅宗美学，留有余地，依靠想象来完善它、才能实现其价值所在。建筑学中的“完形”力求寻找简单、规则的构图组织，而“不完全形”则通过对“完形”的特征省略、界限模糊和图形重构来逆向思辨，一些建筑理论家称之为“无形之形”。空间的过渡转接，就是以自组织和交互渗透的形态，使线性、封闭的区域获得对外交流的途径。

六、空间的设计元素

（一）点线面与空间

对空间设计的基础理解要从物质构成的基础角度来看，即点、线和面。点是物质存在的基础。点的运动形成线，点和线是形成面的基础。面可以由点构成，也可以由线构成。点、线和面是构成空间设计的基础。设计师常把点、线和面直接运用在空间设计中。空间中的点、线和面是可以根据空间体验者的观察角度来转换的。例如，平面俯视图中的点可以转换成立面图中的线；平面俯视图中的线可以转换成立面图中的面。三个要素之间互相转换，也体现出了空间的四维特性。

（二）形状与空间

在环境艺术设计中，可以将空间与水类比进行理解：将空间放进圆形容器中，空间的形状就是圆形的；将空间放进方形容器中，空间的形状就是方形的。不同形态的空间会带给人不同的心理感受。空间切面的基本形态包括长方形、正方形、三角形、圆形、异形。

（三）尺寸与空间

尺寸是用特定角度或长度单位表示的数值。尺寸是一个客观的既定数值，不会随着外界环境的改变发生变化。例如，人的身高尺寸、柜子的尺寸等。空间的尺寸不同，也给人带来了不同的感受。当空间高度一定，而在宽度上有区别时：空间越小，越给人包裹感，当空间宽度与人的肩宽接近时，人就会感到越来越强烈的局促感；空间越大，越给人宽松感，但当空间宽度无限扩大时，人的安全感就会逐渐降低。当空间宽度一定，而在高度上有区别时：空间越低，人的限制度越低；空间越高，人的限制度越高，并会给人带来明显的下沉感。

（四）光与空间

光是人们对客观世界进行视觉感受的前提。从光的来源上来讲，可以将光分成自然光和人造光。这里的自然光不是广义的概念，不包括人工光源直接发出的光。在自然环境中，它包括太阳直射光、天空扩散光以及界面反光。

太阳直射光：一般在晴天的天气条件下，可以很直接地感受到太阳直射光。它带来的热量也很大，是自然光环境中最重要的光。在一天之中，太阳直射光在不同的时间段有着不同的照度和角度。因此，会产生变化多样的外部空间环境效果，对室内空间光环境也有着很大的影响。

天空扩散光：天空扩散光是一种特殊形式的光，它是由大气中的颗粒对太阳光进行散射及本身的热辐射而形成的。严格说起来，它不能被称为光源，而可以被看作是太阳光的间接照明。天空扩散光可以产生非常柔和的光线效果，照度普遍不高，所以对于被照物体细节的表现力不够。由于太阳光透过大气层 . 波长较短的蓝色光损失较多，所以天空呈现出了美丽的蓝色。

界面反光：外部空间环境的界面由各种材料构成，有土石等天然材料，也有各种人工材料。当这些材料接收太阳直射光与天空扩散光综合作用时，可以产生复杂的界面反光，对光环境产生极大影响。

人工光是相对于自然光的灯光照明。优点是较少受到客观条件的限制，可以根据需要灵活调整光位、亮度等。至于产生人工光的人造光源，则是指各种灯具，主要包括：热辐射光源、如常见的白炽灯；气体放电光源，如荧光灯、金属卤化物灯；发光二极管，也就是常说的 LED；还有光导纤维等。具体的灯具分类则有着多种依据，可按光通量的分布分为直接型、半直接型、半间接型、间接型等；还可以根据安装方式的不同，分为悬吊类、吸顶类、壁灯类、地灯类及特种灯具等。

（五）色彩与空间

如果说黑白让人明辨是非，那么色彩就能让人感受生活。在空间设计中，色彩是最为活跃、生动的元素。色彩往往是人对空间的第一印象。色彩的表现力很强，可以直接、深刻地刺激人的大脑。随着色彩研究的不断深入，设计师在进行色彩设计时通常会借助色卡或色相环来帮助其完成方案的配色。

不同的色彩会让人产生不同的联想，给人不同的心理感受、让空间具有象征和寓意。一般暖色给人以“外凸”和膨胀感，冷色给人以“内凹”和紧缩感。例如，红色让人感觉到了热情、温暖和希望，但同时也具有危险和警示的含义；绿色让人感觉到生机、活力和希望等。

（六）质感与空间

人对质感的感觉可以通过两种途径获得，一种是依靠眼睛的视觉，另一种是依靠身体的触觉。通过视觉判断获得的触感叫作“视觉触感”。依靠身体感知外界物体，并将这些触觉记录在大脑中形成记忆，通过视觉观察，初步形成对物体的触感判断，这种触感叫作“身体触感”。不同的质感会给人来带不同的心理感受。

在空间质感设计中，一般将质感划分为 5 个基础等级。等级越多，设计就越细致，但在设计时也就更难把握。

七、界面的实现

界面具有围合空间、美化空间和烘托氛围等功能。为了实现这些功能，首先应慎重选择材料。材料的物质属性第一应该满足界面所处位置的使用功能，第二还要将材料以恰当的构造关系组合，第三要对界面的触觉、视觉等感觉效果进行整合设计。这三个部分在具体设计中是要综合考量的。例如，泰姬玛哈尔陵选择白色、红色大理石装饰建筑外立面时，建筑的功能使用、氛围的高雅纪念性以及石材连接安装的构造，都是同步确立的界面形式整合。

界面的形式语言主要包括“形、色、质”这三个元素。界面依靠这三个元素的内在联系而产生了视觉或其他感觉的综合感受。整合界面形式符合美学的一般规律和法则，主要包括：关于度的美学法则，如韵律、和谐等；关于量的美学法则，如对称、平衡等；关于质的美学法则，如对比、调和等。界面形式整合会让不同体量、不同材料之间实现自然衔接和过渡，形成界面的整体效果。

设计师通过组合、安置排序空间与界面，形成了人使用时的一系列有价值的、适用的场所。在具体的环境艺术设计中，设计师应该适度变化，因地制宜，注重视觉构图的美感和心理感受，形成和谐有序的空间系统。

八、空间的组合设计

（一）序列与节奏

人对于空间的体验、必然是从一个空间走到另一个空间的、循序渐进的体验，从而形成一个完整的印象。运用多种空间组合方式，按照一定的规律将各空间串成一个整体，这就是空间的序列。空间序列的安排与音乐旋律的组织一样，应该有鲜明的节奏感，流畅悠扬，有始有终。根据主要人流路线逐一展开的空间序列应该有起有伏、有缓有急。空间序列的起始处一般是缓和而舒畅的，室内外关系要妥善处理，从而将人流引导进入空间内部。序列中最重要的是高潮部分，常常为大体量空间，为突出重点，可以运用空间的对比手法以较小、较低的空间来衬托，使之成为控制全局的核心，引起人们情绪上的共鸣。除了高潮以外，在空间序列的结尾处还应该有良好的收尾。一个完整的空间序列既要放得开又要收得住，而恰当的收尾可以更好地衬托高潮，使整个序列紧凑而完整。除控制好起始、高潮和收尾外，空间序列中的各个部分之间也应该有良好的衔接关系，运用过渡、引导和暗示等手段保持空间序列的连续性。

（二）分隔与围透

各个空间的不同特性、不同功能以及不同环境效果等的区分归根到底都需要借助分隔来实现，一般有绝对分隔、相对分隔两大类。

1. 绝对分隔

顾名思义，绝对分隔就是指用墙体等实体界面分隔空间。这种分隔手法直观简单，使得室内空间较安静，私密性好。同时，实体界面也可以采取半分隔方式，如砌半墙、墙上开窗洞等，这样既界定了不同的空间，又可满足某些特定需要，避免空间之间的零交流。

2. 相对分隔

采用相对分隔来界定空间，可以成为一种心理暗示。这种界定方法虽然没有绝对分隔那么直接和明确，但是通过象征性同样也能达到区分两个不同空间的目的，并且比前者更具有艺术性和趣味性。

（三）引导与暗示

虽然一个复杂的环境之中已包括各种空间，但是对于流线，还需要一定的引导和暗示才能实现当初的设计走向。例如，室外环境中的台阶、楼梯和坡道等能够暗示竖向空间的存在，引导出竖向的流线，利用地面、顶棚等的特殊处理能够引导人流前进的方向。另外，狭长的交通空间能够吸引人流前行。两个空间之间适当增开门窗、洞口等也能暗示空间的存在。

（四）对比与变化

两个相邻空间可以通过呈现比较明显的差异变化来体现各自的特点，让人从一个空间进入另一个空间时，产生强烈的感官刺激变化，从而获得某种效果。

高低对比：若由低矮空间进入高大空间，视野突然变得开阔，情绪为之一振，通过对比，后者就更加雄伟。反之同理。

虚实对比：由相对封闭的围合空间进入开放通透的空间，会使人有豁然开朗的感觉，进一步引申、可以表现为明暗的对比。

形状对比：不同形状的空间会使人产生截然不同的感受。两个相邻空间的形状有差别，很容易产生对比效果。两个空间形状的对比，既可表现为地面轮廓的对比，也可表现为墙面形式的对比。

方向对比：方向感是以人为中心形成的。在空间中运用方向的对比可以打破空间的单调感。

色彩对比：色彩的对比包括色相、明度、彩度以及冷暖感等。强烈的对比容易使人产生活泼、欢快的效果。微弱的对比也称微差，会使各部分协调，容易产生柔和、幽雅的效果。

（五）延伸与借景

在分隔两个空间时要有意识地保持一定的连通关系，这样，空间之间就能渗透产生互相借景的效果，增加空间层次感。

空间的延伸是在相邻空间开敞、渗透的基础上，做某种连续性处理所获得的空间效果。具体手法包括：① 使某个界面（如顶棚）在两个空间连续；② 用陈设、绿化水体等，在两个空间中造成连续。通过在空间的某个界面上设置门、窗、洞口、空廊等，有意识地将另外空间的景色摄取过来，这种手法就称为借景。

在借景时，对空间景色要进行裁剪，美则纳之、不美则要避之。在中国古典园林之中，常采用增开门窗、洞口的方法使门窗、洞口两侧的空间互相借景。而在现代小住宅设计中常采用玻璃隔断。

（六）重复与再现

重复的艺术表现手法与对比相对。相同形式的空间连续出现，能够体现出一种节奏感、韵律感和统一感，但使用过多，就会产生审美疲劳或单调感，因此，要恰当使用重复。重复是再现表现手法中的一种，再现还包括相同形式的空间分散于建筑的不同部位，中间以其他形式的空间相连接，以起到强调那些相类似空间的作用。重复与再现都是处理空间统一、协调的常用手法。

（七）衔接与过渡

有时候两个相邻空间如果直接相接、会显得生硬和突兀，或者会使两者之间模糊不清，这时候就需要用一个过渡空间来交代清楚。空间过渡就是从人们的活动状态来考虑整个空间的分隔和联系的。过渡空间本身不具备实际使用功能，因此要设置得自然低调，可以恰当结合一些辅助功能，如楼梯、门廊等，以起到衔接作用。

空间的过渡可以分为直接和间接两种形式。两个空间的直接联系通常以隔断或其他空间的分隔来体现，具体情况具体分析。间接联系则指在两个空间中插入第三个空间作为空间过渡的形式，如在两室之间增加过厅、前室、引室、联系廊等。

第二节 色彩

一、色彩的种类

色彩分为无彩色和有彩色两大类。无彩色包括黑、白和灰色。从光的色谱上见不到这三种色彩，色彩学上称之为黑白系列。然而在心理学上它们却有着完整的色彩性质，在色彩体系中扮演着重要的角色，在颜料中也有其重要的任务，如当一种颜料混入白色后，会显得明亮；相反，混入黑色后就显得比较深暗；而加入黑与白混合的灰色时，将失去原有的色彩。有彩色是指光谱上显现出的红、橙、黄、绿、蓝、紫等色彩，以及它们之间调和的色彩（其中还包括由纯度和明度的变化形成的各种色彩）。

二、色彩的属性

（一）色彩体系

国际上色彩体系有多种，主要有美国蒙赛尔色系、德国奥斯特瓦尔德色系和日本色彩研究所色系等。

蒙氏色系是 1912 年由美国色彩学家、画家蒙赛尔（Munsell）首先发表的原创性独特色彩体系。该色系将色彩属性定为三要素（色相、明度和纯度），二体系（有彩色系、无彩色系），一立体（不规则球状色立体），同时又给三要素做出了相应的定量标准。

1915 年蒙赛尔发表了第一本完整的《蒙赛尔色谱》，共有 40 色相、1 150 个颜色。后经美国光学会和国际照明委员会标准的研究认定，被广泛地应用于国际产业界和设计界。蒙赛尔色系在色彩命名的精确性、色彩管理的科学性和色彩应用的便捷性等方面具有权威和普遍意义，这个举世瞩目的科学成就为人类做出了杰出的贡献。

（二）色立体

蒙赛尔色立体是根据色彩三要素之间的变化关系，借助三维空间，通过旋转直角坐标的方法，形成的一个类似球状的立体模型。模型的结构与地球仪的结构类似，连接南北两极，贯穿中西的轴为明度标轴，北极是白色，南极是黑色，北半球是明色系，南半球是暗色系。色相环在赤道上，色相环上的点到中心轴的垂直线表示纯度系列标准，越靠近中心纯度越低，球中心为正灰色。色立体纵剖面形成了等色相面，横剖面形成了等明度面。

（三）色彩三要素

1. 色相

色彩表示出了纯净鲜艳的可视光谱色（俗称彩虹色），它是色彩的根本要素，也可以说是色彩的原材料，在各色相色中分别调入不同量的黑、白和灰色，可以得到世界上所有存在的色彩。

蒙赛尔色立体中的色相环由 10 个基本色相组成，即红（R）、黄红（YR）、黄（Y）、黄绿（GY）、绿（G）、蓝绿（BG）、蓝（B）、蓝紫（PB）、紫（P）、红紫（RP）。每个基本色相又各自被划分成了 10 个等分级，由此形成了 100 色相环。另外，还有把每个基本色相划分成 2.5、5、7.5、10 四个等分色相编号（其中 5 为标准色相的标号，如 5R

为标准红色相，5BG 为标准蓝绿色相等），构成了 40 色相环。自 2.5R、SR、7.5R……7.5RP 至 10RP 止。色相环上通过圆心直径两端的一对色相色构成互补关系，如 5R 与 5BG、5Y 与 5PB、5B 与 5YR 等。为了使用方便，还有简化的 20 色相环，即每个基本色相仅取 5、10 这两个等分编号，自 5R、10R、5YR、10YR……5RP 至 10RP 止。

除此而外，还有其他色彩体系的色相环，常用的如 6 色相环、12 色相环、24 色相环等。

2. 明度

明度又称光度、亮度等，指色彩的明暗、深浅差异程度。明度能体现物象的主体感、空间感和层次感，所以也是色彩很重要的元素。蒙赛尔色立体中心轴为“黑—灰—白”的明度等差系列色标，以此作为有彩色系各色的明度标尺。黑色明度最低，为 0 级，以 BL 标志；白色明度最高，为 10 级，以 W 为标志，中间 1~9 级为等差明度的深、中和浅灰色，总共 11 个等差明度级数。

色相环上的各色相明度都不同，黄色相的明度最高为 8 级，蓝紫色相的明度最低为 3 级，其他色相的明度都介于这两者之间。

另外，色彩的明度还有可变性。同样深浅的色彩，在强光下显得较浅．在弱光下显得较暗。在各种色相的色中加入不同比例的白或黑色，也会改变其明度。例如，红色相原来属于中等明度，调入白色后变成了粉红色，明度提高了；调入黑色后成为枣红色，则明度降低了。

3. 纯度

纯度又称彩度、艳度、饱和度、灰度等，指色彩的纯净、鲜艳差异程度。色彩的纯度相对比较含蓄、隐蔽，是色彩的另一重要元素。蒙赛尔色立体自中心轴至表层的横向水平线构成了纯度色标，以渐增的等间隔均分成了若干纯度等级，其中 5R 的纯度是 14，为最高级。而其补色相 5BG 是 8，为最低级。其他所有色相的纯度都介于两者之间。

在标准色相色中调入白色，明度提高，纯度下降；调入灰色，则纯度也下降；调入黑色，明度降低，纯度也降低。色相色中含无彩色越少，越鲜艳，称高纯度色；含无彩色（特别是灰黑色）越多，则越浑浊，称低纯度色，也称浊色。

三、色彩的原理

（一）光与色

有光才有色，光色并存。这早在古希腊时代，就已被大哲学家亚里士多德所先觉，但真正揭示这个大自然奥秘本质的，应首推英国的大物理学家牛顿，他在实验中，通过三棱镜将日光分解成了红、橙、黄、绿、蓝、紫六种不同波长的单色光。人眼对色彩的视觉感受离不开光。可见光波长在380~780 nm之间，波长长于780 nm的电磁波称为红外线，波长短于380 nm的电磁波称为紫外线。

（二）物体色

大自然的奇妙令人惊叹，无数种物体形态五花八门、千变万化，物性大相径庭、迥然不同。它们本身大都不会发光，但对色光却都具有选择性地吸收、反射和透射的能力。例如，太阳光照在树叶上，它只反射绿色光，而其他色光都被吸收，人们通过眼睛、视神经和大脑反映可以感觉到树叶是绿色的。与此同理，棉花反射了所有的色光而呈白色，黑纸吸收了所有的色光而呈黑色。但是，自然界实际上并不存在绝对的黑色与白色，因为任何物体都不可能对光作全反射或全吸收。

另外，物体表面的肌理状态也直接影响着它们对色光的反射、吸收和透射能力。表面光滑细腻，平整的物体，如玻璃、镜面、水墨石面、抛光金属、织物等，反射能力较强；表面凹凸、粗糙、疏松的物体，如呢绒、麻织物、磨砂玻璃、海绵等，反射能力较弱，因此，它们易使光线产生漫反射现象。

四、色彩的配色关系

（一）色彩对比

两种色彩并置在一起时，相互之间就会有差异，就会产生对比。色彩有了对比，才更会显得丰富。色彩搭配不但可以根据其不同属性进行对比分类，还可以进行以下各类对比，产生独特的效果。色彩在形象上的对比，有面积对比、位置对比和肌理对比等；色彩在心理上的对比有冷暖对比、干湿对比和厚薄对比等；色彩在构成形式上的对比有连续对比、同时对比等。

一种色彩与其他色彩同时进行比较时，不但展现了自己的审美价值，同时也形成了色彩的对比组合之美。在这个意义上，要掌握色彩美的视觉规律，就必须去认识色彩情感效果的千变万化、研究色彩对比的特殊性，认识对比色彩的特殊个性，进而创造出具有独特效果的色彩组合设计。

1. 明度对比

明度对比是色彩明暗程度的对比。进行单纯的明度对比时，可以通过选择一个标准的灰度加黑加白来实现，调制出的序列通常可以分为9个阶段。以每3个阶段作为一组，可以定出三类明度基调：低明度基调（以相邻的3个低明度色阶为主）产生出的色彩构成厚重、强硬刚毅，具有神秘感，但也较为阴暗，易使人产生悲观的情绪；中明度基调（3个位于中间的中明度色阶为主）构成效果朴素、安静，但同时也因为平和易产生困倦与乏味；高明度基调（3个高明度色阶为主）特点为亮丽、清爽，可以使人感受到愉悦，而且不易产生视觉疲劳，但易有轻飘的感觉。

不同明度色阶的构成还可以形成明度不同级差的对比。明度差在 3 级以内可以构成明度弱对比，称为短调，效果柔和平稳；在 5 级以内构成明度中对比，称为中调，效果平均中庸；在 5 级以上则构成明度强对比，称为长调，表现出的体积感和力量都很强。

明度基调与明度对比相结合可以形成明度的 9 大调：高长调、高中调、高短调、中长调、中中调、中短调、低长调、低中调、低短调。表现效果各有特点、应结合具体环境而定。

2. 色相对比

由色相的差异形成的对比即是色相对比。可以利用色相环来研究这种对比关系。在色相环中，运用相距角度在 15° 以内的色彩（如红色与红橙色）形成的色相对比为同类色对比，可以产生柔和、含蓄的视觉感受；相距角度在 30° 的色彩（如红色与橙色）形成的对比为类似色对比，构成效果和谐统一，在设计中最为常用；相距角度在 60° 至 90°（如红色与黄橙色）的色彩对比为邻近色对比、表现效果同一、活泼；相距角度在 120°（如红色与黄色）的色移对比称为对比色对比，效果丰富、鲜明、饱满、华丽，在设计中常用于商业空间、娱乐空间等环境中；180° 位置（如红色与绿色）的色彩对比则是互补色对比，视觉感受刺激、强烈，大面积使用容易使整体空间环境不和谐。

在实际设计中，色相对比并非套用理论，只要懂得了构成的规律，就完全可以灵活应用。一般应根据具体空间环境的表现需要，确定主体色彩和与之相协调的配色。

3. 纯度对比

因纯度差别而形成的色彩对比称为纯度对比。在色立体中，接近纯色的部分称为鲜色、接近黑白轴的部分称为灰色，它们之间的部分称为中间色。这样就构成了色彩纯度的三个层次。纯度对比分纯度弱对比、纯度中对比、纯度强对比。

在通常情况下，纯度的弱对比纯度差较小，视觉效果较差，形象的清晰度较弱，色彩的搭配呈现出灰、脏的效果。因此，在使用时应进行适当调整。纯度的中对比关系虽然仍不失含糊、朦胧的色彩效果，但它却具有统一、和谐而又有变化的特点。色彩的个性比较鲜明突出，但适中柔和。纯度的强对比效果十分鲜明，鲜的更鲜，浊的更浊。色彩显得饱和、生动。对比明显，容易引起注意。

由不同纯度构成的对比形成色彩的纯度对比可以分为三类基调：低纯度基调构成的空间环境暗淡、消极，没有很强的吸引力；中纯度基调构成的整体空间环境纯度关系体验较为舒适、自然；高纯度基调构成的整体环境色彩艳丽，有很强的视觉冲击力，容易成为空间的色彩重心。

学习色彩对比是为了在空间环境中更好地营造和谐的色彩氛围。优秀的色彩对比关系绝不会使空间中各种物质实体产生对立，而是会通过对比使空间更加富有视觉层次感，使主次关系进一步拉大，空间关系更加深远，从而在对比中产生一种平衡的和谐。

（二）色彩混合

1. 加色混合

加色混合即色光混合，也称第一混合。其特点是当不同的色光混合在一起时，能产生新的色光，混合的色光越多，明度就越高。将红（橙）、绿、蓝（紫）三种色光分别作适当比例的混合可以得到其他所有的色光。但其他色光却混合不出这三种色光，所以称为色光的三原色，也称第一次色。红（橙）与蓝（紫）混合成品红，红（橙）与绿混合成柠檬黄，蓝（紫）与绿混合成湖蓝，称为色光的三间色，也称第二次色。如用它们与其他色光混合，可得更多的色光，乃至整个光谱色。三原色相混成白光，当不同色相的两色光相混合成白光时，双方称为互补色光。

2. 减色混合

减色混合即色料混合，也称第二混合。色料包括颜料、染料、油漆、墨水等。有许多种类和新材料能在阳光和灯光下反射或吸收一些颜色的光，从而形成人们观察到的不同颜色的感觉。它的特性正好与加色混合相反。混合色不仅会改变色调，还会降低亮度和纯度。颜料种类越多，颜色越暗、越浑浊，最后变成近乎黑色。

色料的三原色为品红、柠檬黄、湖蓝（是色光的三间色）。一切色彩都是由它们按不同比例混合而成的，而这三种原色是其他色彩混合不出的，所以也称第一次色，它们相混后理论上成为黑色（实为黑灰色）。不同色相的两色料相混合成黑灰色时，双方称为互补色彩，如橙与蓝、黄与蓝紫、红与蓝绿等色。三原色中两种不同的色彩相混合，所得的三种色彩称为间色，也称第二次色。它们是品红与柠檬黄混合成红（橙）色，柠檬黄与湖蓝混合成绿色，品红与湖蓝混合成蓝（紫）色。两间色相混合可得含灰的复色，也称第三次色。如红（橙）与绿混合成黄棕色、绿与蓝（紫）色混合成橄榄色，蓝（紫）与红（橙）混合成咖啡色。

3. 空间混合

空间混合也称中性混合、中间混合或第三混合。将两种对比强烈的高纯度色并置在一起，在一定的空间距离外，通过反射能在人眼中形成另一色（含灰）的效果。这与两色直接相混合的感觉不同，明度显然要高。因此色彩效果富有颤动感，显得丰富、明亮。色彩空间混合效果的产生，必须具备如下条件：

① 对比各方色彩相对纯度较高，色相对比较强。

② 并置、穿插或交叉的色彩面积相对要小，要呈密集状。

③ 观察者与色彩之间要有足够的视觉空间距离。

（三）色彩调和

完善空间环境的色彩关系，除掌握色彩对比的构成变化规律外，色彩调和也是必不可少的，这是影响色彩和谐关系的重要方面。色彩调和是指在两个或两个以上色彩之间通过一定的调整方式，使其组织构成具有符合人们创造目的的、均衡的状态。色彩调和具有两方面的意义：① 让凌乱的色彩关系进行有条理的安排，让原来不相配的色彩具有秩序性；② 色彩之间的调和能够消除生硬现象。色彩调和经过广泛而长期的实践，有很多行之有效的方法，非常具有实用价值。常用的有以下几类：

1. 同一调和

当色彩搭配对比太刺激、太生、太火、太弱时，可以通过增加各色的同一因素，也就是共性因素，使情况得以缓解，这就是同一调和。

单性同一调和。单性同一调和包括：同明度调和，即由具有相同明度，不同色相与纯度的色彩构成，效果典雅；同色相调和，使用色相相同，明度与纯度不同的色彩组成搭配，统一感强烈，但缺少动感；同纯度调和，使用具有相同纯度、不同色相与明度的色彩构成．但需注意的是这种调和以低纯度为依据，互补色不包括其中。

双性同一调和。以三要素中的两种为依据进行的调和也可以产生色彩和谐的效果，包括同一色相同一明度调和，同一色相同一纯度调和，还有同一明度同一纯度调和。

2. 近似调和

选择很接近的色彩进行组合，或者缩小色彩三要素之间的差为类似调和，也称为近似调和。它能够比同一调和产生更为多样的变化。近似调和包括以下几种：

单性近似。在色彩三要素中，某一种性质比较相似，将其他两种进行调和。

双性近似。在色彩三要素中，两种性质比较相似，另一要素将相邻的系列调和。

三性近似。色彩三要素近似，以某一色彩为中心的邻近色进行对比组合的效果。这与两色直接相混合的感觉不同，明度显然要高。因此色彩效果富有颤动感，显得丰富、明亮。色彩空间混合效果的产生，必须具备如下条件：

① 对比各方色彩相对纯度较高，色相对比较强。

② 并置、穿插或交叉的色彩面积相对要小，要呈密集状。

③ 观察者与色彩之间要有足够的视觉空间距离。

3. 秩序调和

将原本具有强烈视觉刺激性或者表现性很弱的色彩组合按照一定的次序进行排列，使它们之间的关系变得柔和的方式就是秩序调和。秩序感可以为视觉带来平稳感，是控制色彩表现效果的有效方式。

4. 隔离调和

通常，无彩色或金银光泽色的加入（描绘出边线或者面）可以缓和色彩间不和谐的关系，这种隔离的方式称为隔离调和。它可以在调和色彩构成关系的同时增加色彩的丰富性。

此外，还有面积悬殊调和（通过调整构成色彩的面积搭配进行调和）；聚散调和

（使搭配不协调的色彩分散以及组合位置调和以及通过位置的重新调整使色彩调和）等。

每个人对于色彩的感觉均有一定的差别，所以色彩调和的结果是相对的，不是绝对的。为了使大部分使用者都能够认同，色彩环境的设计应该从整体出发，避免限于对局部的处理。色彩调和的最终目的是追求色彩环境构成的和谐效果。在实际中，其规律与方法不是一成不变、死搬硬套的。应该多总结优秀设计作品的优点，体会并吸收它们在色彩构成方面的经验。

五、色彩的视觉心理

（一）色彩的心理联想

世上存在的无数色彩本身并无冷、暖的温差之别，更无高贵、低贱之分。这些感觉无非都是色光信息作用于人的眼睛，再通过视神经传达至大脑，然后与他们以往的生活经验产生共鸣，由此产生了相应的各种联想，从而最终形成了对色彩的主观意识与心理感受。

色彩联想带有情绪性和主观性，容易受到观察者各种客观条件的影响，特别是与生活经验（包括直接经验、间接经验）的关系最为密切。人们“见色思物”，马上会联想到自然界、生活中某些相应或相似物体的外表色彩。例如，看到紫色很容易联想起葡萄、茄子和丁香花等物；见到白色会联想起雪花、棉花和白猫等物。这种联想往往都是初级的、具象的、表面的、物质的。另外，从色彩的命名如柠檬黄、玫瑰红、橘红、天蓝、煤黑等色也可见一斑。由于成人见多识广，生活经验丰富，因此联想的范围要比儿童广泛得多。

（二）色彩的心理感觉

色彩的心理感觉是一种高级的、抽象的、精神的、内在的联想，带有很大的象征性。古人总结的所谓“外师造化（客观色彩），中得心原（主观感觉）”就是这个意思。因此只有成年人才能有这样的思维活动。例如，小孩见到灰色，最多联想到老鼠、垃圾等脏东西，明显表示不喜欢。但绝对不可能联想、感觉到高雅、绝望等抽象词意，因为在他们幼小、单纯的心灵里面，根本就不具备这些“多愁善感”的复杂思维。

成人对客观色彩除了有共同感觉以外，还会因个人的民族、性格、文化、职业处境等不同条件而形成千差万别的主观个性感觉。同时，色彩还有情随事迁的移情作用。另外，色彩的联想与感情不仅限于视觉，还与听觉、味觉和嗅觉也有一定的联系。

六、环境艺术的色彩设计

（一）色彩设计的要求

① 空间的使用功能。不同使用功能的空间对色彩具有不同的要求。例如，在美术馆

入口的水池上以莫奈的名画作为池底的装饰图案，不仅符合使用功能，还提供了与水结合的色彩效果。

② 空间的形式，尺度和大小。色彩可以根据不同空间的形式、尺度和大小进行强调或减弱。进行色彩设计还要考虑到周围环境。

③ 空间的使用者。不同性别、年龄、职业、背景的使用者对环境色彩的要求各不相同。

（二）色彩设计的方法

1. 确定主色调

环境空间色彩应该存在主调，环境的气氛和风格都通过主调来体现。大规模的环境空间，其主调应该体现在整个环境中，并在此基础上进行适当的局部变化。环境空间的主调应该与环境主体相协调，需要在众多的色彩设计方案中进行选择。因此，以什么为背景、重点和主体等，是色彩设计时应该考虑的问题。

2. 色彩的协调统一

主调确定后，需要考虑各种色彩的部位和分配比例。通常情况下，主色调占有较大的面积，次色调占的面积较小。色彩的协调统一还可以通过限定材料来实现，如选择材质相同的织物、木材等。

3. 加强色彩的魅力

主体色、背景色以及强调色三者之间的关系是相互关联、相互影响的，要体现出明确的视觉关系和层次关系。可以通过以下几种方法来加强色彩的魅力：

① 反复使用，提高色彩之间的联系程度，让其成为控制整个环境的关键色，获得相互呼应的效果。

② 根据一定的规律布置色彩，以形成韵律感。色彩的韵律感不一定要大面积使用，可以运用在邻近位置的物体上，提高物体之间的内聚力。

③ 视觉很容易集中在对比色上。可以通过色彩对比让颜色本身的特性更加鲜明，加强色彩的表现力。

（三）色彩设计的规律

① 在明度、彩度方面，顶棚宜采用高明度、低彩度；地面采用低明度、中彩度；墙面宜采用中间色构成。

② 色彩的面积效果。尽量不用高明度、高彩度的基色系统构成大面积色彩。色彩的明度、彩度都相同，但因面积大小不同而效果不同。大面积色彩比小面积色彩的明度和彩度值看起来都要高。因此，用小的色标去确定大面积墙的色彩时，可能会造成明度和彩度过高的现象。使用大面积色彩时应适当降低其明度与彩度。

③ 色彩的识认性。色彩有时在远处可看清楚，而在近处却模糊不清，这是受到了背

色的影响。清楚可辨认的颜色叫识认度高的色，反之则叫作识认度低的色。识认度在底色和图形色差别大时增高，特别是在明度差别大时更会增高，以及会受到当时照明情况和图形大小的影响。相同距离下观看，有的颜色比实际距离看起来近（前进色）；而有的颜色则看起来比实际距离远（后退色）。一般来说，暖色进出、膨胀的倾向较强，是前进色，冷色后退、收缩的倾向较强，是后退色；明亮色为前进色，暗色为后退色；彩度高的颜色为前进色，彩度低的颜色为后退色。

④ 相比较而言，大面积色彩具有较高明度、彩度，因此要充分考虑施色的部位、面积及照明条件。

⑤ 被黑色包围的灰色与被白色包围的灰色尽管具有相同的明度，但被黑色包围的灰色看上去更白一些。

第三节 材料

一、环境艺术设计材料的种类

（一）砖与瓦

1. 砖

20 世纪后半叶，全国建设规模逐渐扩大，砖混结构曾一度成为建设主导。砖材因具有承重、隔声、隔燃、防水火等作用，在环境艺术设计中主要被应用于隔断、花台或基座中。

2. 瓦

自古以来，灰瓦白墙就以黑白构成的韵味显现出了平民屋宅的含蓄恬淡，当代建筑师则利用其特有的装饰肌理与审美指向来制造异乎寻常的视觉效果。瓦是按一定比例将黏土、水泥以及一些特殊材料进行搅拌，为增加色彩种类可加入色粉，由模具铸形，用人工或机械高压成型，再窑烧完成的。瓦原来主要用于门檐庭院中，除可满足阻水、泄水、保温、隔热、保护房屋内部不受雨淋外，在室内空间也可作为特殊的装饰。

（二）木材等有机材料

木结构是中国古代地上建筑的主要结构方式，也是辉煌空间艺术的载体。直至今日，中国仍用“土木”工程来表达建设的概念，以区别于西方古代石结构建筑特征。

木材材质轻且具有韧性、强度高以及有较佳的弹性特性，而且木材耐压抗冲击、抗震，易于加工和进行表面涂饰，并且对于电、热以及声音有高强度的绝缘性等，这些特征都是其他材料没有的，所以在室内设计中，木材被大量地采用。尤其是木材独有的自然纹理和温暖的色彩，让人们可以回归大自然，这也是木材受到人们钟爱的原因之一。

常用的木材装饰方式有：原木板方材、地板、墙板、天花板、楼梯踏板、扶手百叶窗、家具、实木线条和雕花等。

长期以来，木材的耐候、防水以及防火性质都是环境艺术设计中需要考虑的难题之一。然而研究表明：断面较厚、尺度较大的木材在燃烧温度至 150℃时，常在外表形成碳化层。同时由于木材的热传导性较弱，在燃烧时强度衰退较金属等缓慢，从而会形成一定的阻燃机制。因此，一些建筑师扬长避短，尝试将自然材料经由适当加工处理后，再与混凝土、金属等结合，配合防火设施与构造，成功创造出了自然生态建筑。

（三）石材

天然石材因为具有独特的艺术装饰效果和技术性能，在建筑中的应用历史悠久。石材结构致密、强度高，耐磨性、耐久性特别好。从欧洲古代建筑到现代室内装饰，其运用都十分广泛。我国也是世界上石材资源丰富的国家之一，石材资源丰富，分布面广，容易就地取材。

人造石材，就是将天然岩石的石渣作为骨料，再经过特殊工艺的处理、加工而做出的石材。人造石材吸收了天然石材的优点，相比来看，人造石材比天然石材在抗压性、耐磨性和质量上都有明显的优势，并且人造石材的价格较低，容易被大众所接受，所以在环境艺术设计中运用了大量的人造石材。

碳酸盐之类的岩石再经过沉淀和变质之后所形成的物体，其质地细腻、坚硬，颜色、种类繁多，这就是大理石。天然大理石具有独特的纹理效果。大理石的优点是花纹与颜色种类多、质地细密、颜色艳丽、有较高的抗压强度、有超低的吸水率、不变形、耐久性好、有良好的装饰效果。其缺点是抗风化性能差，但较之花岗石不耐磨、耐风性较差，易变色。除了部分性能稳定的大理石，如汉白玉、艾叶青等可以用作室外装饰材料外，磨光大理石板材一般不宜用于室外。

天然花岗石具有独特的装饰效果。花岗石由火成岩形成，主要矿物成分为长石、石英和云母等。花岗石外观常呈整体均粒状结构，具有深浅不同的斑点状花纹。花岗石的优点是坚硬致密、抗压强度高、吸水率小、耐酸、耐腐、耐磨、抗冻、耐久。花岗石的缺点是硬度大，开采困难；质量较大，运输成本高。另外，它为脆性材料，耐火性较差。某些花岗石含有对人体健康有害的放射性元素等。

（四）陶瓷

陶瓷是陶器与瓷器两大类产品的总称。陶器产品分为精陶和粗陶两种。陶器产品的断面暗淡无关、手感粗糙、不透明，可分成有釉和无釉两种。环境艺术设计材料中常用的陶瓷制品主要有釉面砖、外墙贴面砖、陶瓷锦砖、地面砖、玻璃制品和卫生陶瓷等。

室内环境设计中，在卫生间、厨房、阳台等场所会大量地采取陶瓷材料，便于清洁保养。目前，随着陶瓷工艺水平的不断提高，不管是国产、合资或者是进口的陶瓷材料，它们的色彩花色、图案样式的种类越来越多，开始有大量的陶瓷材料为室内外场所使用。

（五）钢材与金属

钢结构轻质、高强，柔性变形性能好，施工快速便捷，对场地污染较小，因此是极具前景的新兴建材。除了结构支撑，钢材还积极参与到了建筑形象塑造当中。

金属材料易于保养，表面易于处理、易于成型，可按设计要求变换截面形式，有各种产品化型材，可供选用。一般金属结构材料较厚重，多作骨架，可用于如扶手、楼梯等承重抗压的结构材料，而装饰金属材料较薄，易加工处理，可制成成品或半成品的装饰材料。

金属材料色泽突出是其最大的特点，在现实中被大范围应用。在对金属材料进行设计时，一定要了解好材料的性质，在使用时也要有所注意，特别是对于尺寸、弯角和圆弧面接触点进行处理时要格外小心。

（六）玻璃

玻璃是一种古老的建筑材料，早在哥特教堂，其就以深红、深蓝等饱和晦暗的彩色玻璃作为特殊围护材料，来影响光强和光色，左右祈祷信徒的意志。这种材料轻盈、脆弱、冷漠、浮华摇曳，与钢等其他材料一样代表了技术的理性力量。

二、环境艺术设计材料的质地

材料的质感能传递信息。其在视觉和触觉上能够同时反映出来。因此、质感在给予人美感的同时还包括快感，比视觉更胜一筹。自然界中的材料多样，都具有不同的质地，所表达的感觉也各不相同。

（一）粗糙与光滑

表面粗糙的材料有粗砖、石材等，表面光滑的材料有丝绸、玻璃和抛光金属等。虽然一些材料同样质地粗糙，但其质感却完全不同，如石材与长毛织物。显然长毛织物具有更好的触感。丝绸与抛光金属的质地也存在很大差异，前者柔软，后者坚硬。另外，善于利用材料中的纹理能够使其成为环境中的亮点。

（二）软与硬

许多纤维植物都具有柔软的触感，如羊毛织物虽然可以织成粗糙或光滑的质地，但都摸上去令人感觉愉快。棉麻为植物纤维，质地柔软且耐用，经常作为轻型蒙面材料或窗帘。化纤织物种类繁多，虽然价格较低，容易保养，但质地较硬。金属、玻璃等质地硬的材料耐用、耐磨，光洁度很高。

（三）冷与暖

材料的冷暖主要表现在身体接触上，要求具有温暖、柔软的感觉。虽然大理石、玻璃和金属等是高级的材料，但是使用过多会产生冷漠的感觉。由于色彩的不同，在视觉上也会产生不同的冷暖感觉。例如，红色的花岗岩虽然触感冷，但是在视觉效果上是暖的；白色的羊毛虽然触感暖，但在视觉效果上是冷的。因此，设计师在选择材料时需要同时考虑这两方面因素。木材比玻璃、金属暖，比织物冷，不仅可以作为承重结构，还可以作为装饰材料，广泛应用在环境艺术设计中。

（四）光泽与透明度

许多经过加工的材料都具有很好的光泽度，如石材、玻璃和抛光金属等。材料表面的反射作用能够扩大环境的空间感，反射出周围的物体，能够起到活跃环境气氛的作用。同时，光泽材料的表面容易清洁。

透明度是材料的重要特征之一。常见的半透明材料包括玻璃、丝绸等。在环境艺术设计中，利用透明材料能够扩大空间的深度和广度。从空间感来说，透明材料是轻盈、开放的，而不透明材料是私密、封闭的。

（五）弹性

人们之所以走在草地上感到比走在混凝土地面上舒服、坐在沙发上比坐在硬板凳上舒服，是因为材料弹性的反力作用，这是软质或硬质的材料都无法达到的。弹性材料包括竹子、藤、木材、泡沫塑料等。弹性材料主要用于地面、座面等。

第四节 环境艺术设计的形式

一、环境艺术设计的形式要素

形、色与质感等构成了性质相同或不同的造型元素，同时也构成了各式各样的相互关系。而将这些造型要素以一种有序的方式组合在一起的则是称为“形式要素”的一些关系法则，或称为“形式法则”。

（一）对比

对比，指的是物象组合中，在形、色、质感以及空间方位上的不同差异程度，相互暗示对方的形式特征，如大—小、长—短、宽—窄、厚—薄、黑—白、多—少、曲—直、锐—钝、水平—垂直、高—低、光滑—粗糙、硬—软、静—动、轻—重、透明—不透明、连续—中断、流动—凝固、强—弱等。对比有对立、生动活泼的品质，有强调部分设计内容的特别效应。

对比，不是将事物无原则地并列。如果处处有对比、整体的对比程度就自然减弱，甚至消失。只有当统一的目标达到时，方才有对比的基础条件。对比的目的性如同人们常说的“好花要有绿叶扶”这个道理。与“对比”相反的概念是“近似”或者说“相似”。它指的是有机地排列与布置共同性造型要素、以求得统一、和谐的整体效果。现代艺术运动中，俄国艺术家马列维奇提出的“白色上的白色”，就是一个这种做法的典范。

（二）重复

“重复”就是将具有同样性质的要素反复地使用。重复也就是强调。音乐在时间差异和间隙上做文章，空间艺术则是在与尺度有关的空间关系上做文章。重复意味着有序、有规律。重复加上渐变则在统一与协调中找到了变化。这种变化中的秩序，可以做定量分析。常说的比例、尺度关系也可由之而产生。所谓平衡是一种中和状态。各种造型要素相互抗衡，达到视觉的平衡。

决定平衡的因素是重量感和空间的方向感。结构力学的形式往往很说明问题。一般说对称平衡与不对称平衡，前者讲求焦点，形式上稳定，情绪上肃穆；后者则讲求重量对比的关系，其结果是灵活、易于接近而开放的。比例是一种份额关系。其间有长有短、有高有低、有大有小。比例是局部相对于整体关系的基本单位。在空间设计中，比例是统一各种造型要素的无形的媒介，有着普遍意义。黄金分割比、正方形、圆形和等角三角形就是运用比例的经典例子。

（三）韵律

“韵律”是一种音乐的概念，指的是音乐的强弱变化关系。而这种所谓的变化有其自身的秩序，韵律则是这种运动中的秩序的代名词。在自然景观的山山水水中，人们能看到这种秩序，这种形与色的、有规律的连续起伏，视线随之而移动、在其中感到的是一种有序的、有内在原因的变迁。韵律的本质不是基本单位的重复，而是彼此间的某种内在关系的有序再现。在现代艺术中，常常看到视觉艺术家们将漩涡、流动、疏密、方向等概念，用形与色和质感有序地表现了出来。在环境艺术设计中，设计师们会将空间赋予一种节奏，以形成韵律的效果。

韵律赋予作品以生气，可以吸引人们的注意，便于使用者理解空间，体会到所在的空间艺术品的相应情趣。动态平衡是很多现代空间造型艺术作品所要追求的基本目标。城市、景观、庭园、建筑单体和建筑的内部空间是静态的，但是人的活动，尤其是人的心理活动让空间艺术作品动了起来。观察者的感受赋予了空间艺术作品以意义，因此，讲求变化是设计活动中的基本原理。

（四）对称

“对称”是一个很传统的概念，具有理性的特点。它在整个古典设计艺术中占有十分显要的地位。而轴线则是达到这一效果的主要衡量依据。对称轴两侧的任何图形，都等距离地左右呼应或者以中心点为依据等距或等角度来辐射，以限定方向性或强化中心的焦点。然而，对称的适用范围在过去被人为地扩大了，变成了一种建立统一感，实现简单控制的强有力手段。对称应用于城市设计、建筑、室内、景观设计等许多方面。由于规则性很强、可以获得统一感的特点，它往往被用来创造有控制性的、庄严肃穆或者极端豪华的场所，如城市中心、广场等。

二、环境艺术设计的形式统一

（一）形式多样性的统一

环境设计作品有其多样性，但是，多样而统一的形态才最富有感染力，人们可以从丰富的感受中体会到一种秩序。而所谓秩序，是整体而言的，指的是作品拥有一种遵循事物发展、运行的主线，有序而有趣地引导着人的欣赏行为，如同一幅凡·高的画，处处令人惊奇，但作品的整体性一目了然。中国传统园林设计在这方面也相当精彩，它们往往显得宛如天开，处处令游人惊奇，而不失内在的有序感。西洋园林显得有序得过头，日本园林有时显得太自然。倘若设计者单纯地为功能而设计，虽富于理性，但其结果会显得缺乏情感。环境设计毕竟不是解决数理逻辑问题。在避免作品表面化的同时，要尽可能地随机照顾人的感受。

然而，这仅仅是问题的一方面，之所以强调多样而有序，是为了进而创造一种必要的安定感。无论如何、人总是期望能把握自己与环境的关系。丰富不等于混乱、多样不等于繁杂。中国的文人画就很单纯，“少即是多”是很符合中国人的审美习惯的。单纯意味着严格地选择表现元素，用纯熟的技巧来展现艺术表现力，言出必中。换言之，在设计语言的运用上“惜墨如金”，没有废话。追求作品的单纯性并不是件容易事，表现单纯，就要见基本功、见修养，它表达的是高贵而淳朴、合乎逻辑和艺术规律的设计意念，是环境设计中的至高境界。

（二）形式与内容的统一

设计作品的感染力不但取决于主题的选择、效果的多样而统一有序和作品的单纯性，而且取决于作品在现实生活中的实用价值和它自己的生命力。艺术创作上的丑陋东西就是艺术上不真实的东西、装腔作势造作的东西。毫无意义地虚张声势、没有必要的雕梁画栋、增添外观上的累赘与设计伦理也是相悖的。事实上，这种做法在现实中更会造成直接的经济损失。对作品真实性的追求就是对于功能与环境效益的追求。所设计的场所的真实性就在于它所反映出来的环境效益的明确性，除了一般的艺术问题之外，在环境设计活动中的许多方面的参考系都是可以量化的。

要创造一个真实的环境形态，设计师就必须付出相当的精力去周密地思考、决策。环境艺术作品中所体现出来的可持续性发展形态是设计生命力的最集中表现。从广义上讲，它比现实的利益更为重要。当然，作品的生机还在于作品从外形到内在结构的匀称、条理和必要的动态平衡关系。在今天的信息社会里，人们不出门户便可与他人共享所需的一切信息。有创造性的作品，即有个性的作品已显得更加难得，自然也更谈不上有什么风格或学派。然而，自古以来、好的作品都是有其鲜明个性的。个性意味着特色、独到见解、有别于其他作品，在某些方面有比较深刻的探索，因此而具有自己的特殊艺术魅力。形式美研究事物外在的表现，而这个问题与事物的内在联系的本质是一样的。但是，从传统的角度来看，形式美有其自身的一般规律性。然而，一般性的形式美原则又是可以被突破的。

在研究形式美的同时，绝不应该忘记：内在的结构支撑着外在的形式，事物的相互关系制约着场所的形态。对形式与内容的统一问题的理解可以不同，但是，其内在联系是事实的、是怎么也无法解构的。不能孤立地谈形式美，形式相互间的关系问题是人们讨论的起点。从关系上讲，这里有对比、类似、对称、均衡、重复等。如果做定量分析，则有长短、大小、强弱等。一些与此相关的概念有：平衡、均等、匀称；比例、比率；韵律、节奏；动势、动态；突出、强调等。

第四章

环境艺术设计的工作方法与基本表现

第一节 设计程序

一、环境艺术设计的生成过程

（一）设计准备

设计准备阶段不是在图纸上设计正式方案，而是从整体上对项目进行思考，从根本上对项目进行分析，它是一个非常重要的设计程序，也是一个设计项目的初始步骤。设计准备阶段是设计工作顺利完成的重要前提。

1. 项目使用者信息分析

分析和研究项目未来使用者的信息是项目前期策划过程中必不可少的一步。人是环境空间（特别是室内环境）最本质的要素之一，所以，评价一个环境设计是否成功的标准包括人对功能的感受是否舒适、人与空间文化是否融合、人与环境品味是否符合、人对视觉环境是否接受等，设计者在进行设计之前要对这些内容有一个深刻的认识并熟记于心。

（1）使用人群的功能需求。

只有合理地、准确地对设计项目未来使用的人群进行定位，才能实现对使用人群的功能需求进行深入的研究。对这些人群可能出现的行为进行研究、对这些人群可能的活动方式进行研究、对这些人群对空间功能的要求进行研究。并通过这些研究确定哪些功能空间是环境设计中需要设置的，以及在设计这些功能空间时有何种要求。五星级商务酒店和时尚驿站式酒店是两种不同类型的室内空间设计，下面，我们以此为例来进行说明。

高端商务人士是五星级商务酒店主要接待的人群。这些高端商务人士在五星级酒店内的活动主要是高端商务会议、企业年会等。所以，这些高端商务人士所需要的功能空间包括餐厅、会议厅等场所。通过对功能空间的进一步细分，发现会议人数不同所需要的会议厅大小也有所不同，同时，还要考虑多家商务活动同时进行时对功能空间的要求。由此可见，其他普通住宿酒店与商务酒店在功能上的差异，是由目标人群的定位直接决定的。

时尚驿站式酒店，这一类型的酒店在形式上以连锁店居多，酒店的规模不大，但是交通方便，与五星级高档酒店相比，其价格十分优惠。一般来说，年轻的白领是时尚驿站式酒店主要接待的人群，这些年轻的白领只需要酒店为其提供休息住宿环境，而不会把这里作为工作、会谈、会议的场所。因此，在驿站式酒店中通常没有大规模的会议空间、餐饮空间。与此同时，由于目标人群存在着差异，时尚驿站式酒店与五星级酒店的风格截然不同，时尚驿站式酒店在环境设计上追求的是时尚、简约。

通过以上两种不同类型酒店的比较，我们可以看出，在设计落笔之前，必须要分析使用人群的功能需求。一个设计是否成功的判定标准不是它的外观，而是它的功能，一个无法满足基本功能的设计其外观再“好看”，它也是一个失败的设计。在进行环境设计的过程中首先要满足的就是“按需设置”。

（2）使用人群的经济、文化特征。

在一个空间内，分析经济与文化层面包括对使用人群的消费水平的分析、对使用人群文化水平的分析、对使用人群社会地位的分析、对使用人群心理特征的分析，等等。环境艺术设计除了要使人们的组织需求得到满足以外，还要创造恰当的空间环境，此空间环境还要满足人们的精神享受，所以，要深入而细致地分析经济与文化层面。

（3）使用人群的审美取向。

在进行设计之前，要从整体上把握使用人群的总体审美取向。“审美”受诸多因素的影响，包括生活环境、时代背景、个人修养等，它是以人们自身对某事物的要求为依据所做出的看法，它是一种心理活动过程，具有主观性。视觉感受是审美取向分析的主体。使目标客户人群的审美需要得以满足是对使用人群的审美取向进行分析的主要目的，设计师漫无目的地迎合满足不了目标客户人群的审美需要，只有事先对使用人群进行了解、研究，才能使设计师做出的设计决策符合目标客户的审美要求。

2. 项目开发者信息分析

（1）与开发商有效沟通。

沟通在环境艺术设计工作中十分重要。客户在沟通与交流的过程中传达思想、表现事物好恶可以通过诸多方式，如表情、文字、神态等。设计师在这种交流与沟通中有机会对客户的主观态度进行充分感受，有机会灵敏地觉察客户关注的重点等。这些有效信息对后面的设计工作十分重要。

环境艺术设计具有多学科交叉性、商业性的特点。一般情况下，人们常常用“商业美术”来称呼那些细分的环境设计。环境艺术设计的商业性主要有两个方面的表现：其一，商业性对于设计者来说就是获取项目的设计权，通过设计师丰富的知识和卓绝的智慧来取得巨大的利润；其二，商业性对于开发商来说就是达到其商业目的，通过环境设计打造一个对目标客户有针对性的环境空间，通过环境设计打造一个与项目市场定位相适应的环境空间，让目标客户在开发商所打造的这个环境空间中既能体验到物质方面的满足感又能体验到精神方面的满足感，使客户对这个环境空间心甘情愿地“埋单”，同时，达到开发商盈利的目的。正因如此，设计者与开发商的良好沟通可以让设计者对项目的需求有一个充分的了解，可以让设计师对开发商真实的商业意图有一个深刻的认识，可以使设计师对客户想象中的项目未来形象有一个心理预期，只有这样才能使设计出来的环境艺术作品符合市场定位、服务项目的商业目的。

（2）分析开发商的需求和品位。

项目设计师与客户进行沟通之后，下一步的任务就是要认真理性地分析沟通中获得的相关资料。

① 理性分析开发商的需求。该过程大致分为两个方面：首先，是对开发商在项目商业运作方面的需求进行分析，包括对该项目商业定位的分析、对该项目市场方向的分析、对该项目投资计划的分析、对该项目经营周期的分析、对该项目利润预期的分析等；其次，在项目环境设计中对投资者的整体思路进行分析，在这个过程中，设计师要提出合理且可行的设计方案，该设计方案不仅要符合项目环境设计的商业定位，还要将投资者对项目环境的期望考虑在内；最后，分析投资者对室内外环境设计的预想，要保证设计方案具有合理的室内外环境设计。

② 合理分析开发商的品位。“品位”一词在当今潮流中开始涌现，可以说“品位”是被提及最多的词汇之一。在各个行业的发展中都开始重视“品位”、标榜“品位”。实际上，抛去时尚的外衣，品位是一个人内在气质的外在体现，也是一个人道德修养的外在表现。

在对开发商的品位进行分析的过程中，仅仅调查、分析投资者“本人”是具有片面性的，设计师要在沟通的基础上体会到整个团队的品位，对投资方的欣赏水平做出准确的判断。设计师的最终目的不是这种分析、判断，而是通过对开发商品位的了解来分析该项目环境设计中业主的个人主观意愿及期望。如果投资者的主观意识没有以项目的整体定位为中心而出现偏离时，设计者有义务提醒开发商对其思路进行合理的调整，从而使环境设计艺术达到更高层次的标准。

有一点需要注意，专业精神和职业素质是一名专业环境艺术设计师必须要具备的。首先，设计师应当竭尽全力地满足投资者对项目环境设计的期望；其次，设计师对待环境艺术设计应当保持积极的态度；再次，在对设计可能达到的效果进行分析时要坚持科学性、客观性原则；最后，结合实际问题客观地分析环境艺术设计的可行性。如果投资者自身的意愿对设计效果的实现起到了阻碍的作用，设计师应当给予投资者充分的尊重，并选择最为恰当的方式提出建设性的意见，以求说服业主。

3. 项目环境分析

（1）自然因素。

开始进行一个环境设计时，首先要分析项目所在地的自然因素，不同的自然因素会赋予环境设计独特的个性特点。自然因素的分析包括对日照情况的分析；对气温情况的分析；对主导风向情况的分析；对降水情况的分析；对自然地貌情况的分析；等等。在设计的过程中，这些自然因素产生的影响可能是有利的也可能是有害的，这些自然因素还可能为设计师提供设计的灵感。

（2）人文因素。

在进行具体方案设计之前，应当全面调查和深入分析项目所在地的人文因素，包括历史、文化等，并进行提炼总结，找出那些对设计有用的元素。每一座城市的历史、文化印记都有其独特性，城市不同其演变和发展的轨迹也有所不同，其所形成的民风民俗也有所不同。如风景宜人的江南水乡、金碧辉煌的古代帝王都城。

（3）城市经济、资源因素。

有效地分析城市经济、资源因素可以使项目定位更加准确，可以使规划布局更加合理，可以使配套设施的建设更加完备。分析城市经济、资源因素的内容包括：① 对城市经济增长情况的分析；② 对城市商业消费能力的分析；③ 对城市资源种类的分析；④ 对相关基础设施情况的分析。

（4）建成环境因素。

① 景观设计项目。在着手设计方案之前必须要对建成环境因素进行归类分析。建成环境因素包括项目周边的交通情况、项目周边的公共设施的类型、项目周边建筑物的造型风格、项目周边的人文景观等方面。设计师获取这些建成环境因素的手段包括数据采集、现场踏勘等。

② 室内环境设计项目。分析原建筑物现状条件是室内环境设计项目的建成环境因素分析的主要内容，具体来说，建成环境因素包括原建筑物的面积、原建筑物的层高、原建筑物的出入口的位置等方面。设计师只有事先深入地分析原建筑，才能在之后的设计中做到心中有数，才能最大限度地提高方案的可实施性。

4. 设计定位

对将要操作的项目进行整体的设计定位是项目设计者在具体设计实施之前的必要工作。这里的定位是指以下两点：其一，是整个设计想要塑造的整体风格；其二，是在整体风格的基础上所产生的视觉效果和心理感受。只有确定了项目的整体设计风格，设计者才能开始进行设计工作，围绕所确定的设计风格来选择材料、搭配色彩、配置陈设，使环境艺术的整体性和协调性得到保障。

5. 相关设计资料收集

（1）现场资料收集。

① 场地体验。在信息技术飞速发展的今天，我们坐在办公室就可以对远在千里之外的场地特征从不同层面进行认识和分析，我们还可以建立室内空间的框架。但是任何现代技术都不能取代设计师对场地的亲身体验，也不能取代设计师对场地氛围的深刻感悟。进行实地观察不仅是对设计师的要求，也是设计师义不容辞的责任，设计师要到真实的场地去亲身体验每一个细节，在实地环境中，动用所有感官，努力地去寻找各种具有价值的信息。

要想获得最宝贵的第一手资料，设计师必须要进行实地的观察。只有通过实地观察，设计师才能对场地的独特品质有真正的认识，才能对场地与周围区域的关系有准确的把握，才能全面地理解场地，使设计师在日后的设计中做到心中有数。在场地体验中出现的重要信息或当时的体会，可以通过拍照、文字的形式记录下来。如果条件允许，还可以进行多次现场体验，从而不断地完善方案。总而言之，在场地中，无论我们听到什么、看到什么或者是感受到什么都是场地的一部分，都有可能成为设计的亮点。

② 对同类型项目的室内外环境设计进行实地参观。深入地分析思考一些已经建成的项目，从而总结出一些经验教训。收集这些项目的基本资料，包括背景资料、图纸等，对这些项目的特点和成功所在有初步的了解，这些前期准备工作在进行实地参观之前就应当做好，只有以此为基础，实地考察才是有意义的，才能真正有所收获。

（2）相关资料收集。

在前期准备阶段，图片资料可以为设计工作提供创作灵感。现在是网络时代，我们可以不用逐一地去现场参观，可以通过网络来收集设计资料。在网络高速发展的今天，我们足不出户就可以领略世界各地的设计特色。相关资料的收集包括对优秀设计资料的图片进行收集、对设计法规的规范性资料进行收集等。

（二）方案设计

1. 方案概念设计

从整体的角度对环境间关系进行思考的阶段就是方案的概念设计，次要矛盾和细节不是方案设计概念阶段的重点。在方案概念设计阶段中，第一步，要确立一个设计理念，该设计理念有两点要求：其一，要符合项目特点；其二，立意要恰当明确。第二步，要重点把握整体功能布局，竭尽全力地满足使用者的功能需求。第三步，从宏观角度对各功能空间进行准确的划分。方案概念设计包含：① 对环境艺术设计方案的立意；② 对环境艺术设计方案的构思；③ 确定环境艺术设计方案的设计理念；④ 对环境空间的

宏观设计。这一阶段设计图纸的表达方法大多采用概括式。

2. 方案深化设计

对方案概念设计的进一步深入就是方案深化设计，在进行方案深化设计之前要确立设计理念、完善设计立意和构思。方案深化设计阶段包含两部分的内容：其一，进一步深入地设计室内外环境的平面布局；其二，反复调整室内外环境的平面布局，在调整过程中，对设计方案进行不断的推敲和完善。方案深化设计阶段，为设计扩充打下了坚实的基础。

（三）设计扩充

基本完成方案设计之后就要进入下一个阶段——设计扩充阶段。在设计扩充阶段，通过对设计方案不断地修改和调整，设计方案更加深入，更加细化。这一阶段的主要内容包括两部分：其一，进一步深化和确定平面布局；其二，与专业技术人员进行深入的沟通与交流。

（四）施工图设计

详细地制订环境艺术设计未来实施的计划，这就是施工图设计阶段。项目的实施和最终的效果不仅受到施工图准确程度的直接影响，还受到施工图精确程度的直接影响。正因如此，不仅要对施工图纸的设计规范有充分的了解，还要认真、严谨地对待施工图纸设计中的每一个细节，施工图设计阶段的图纸要详细到每一个具体尺寸。这一阶段还要对具体的施工方法进行确定。

（五）设计实施

设计图纸向真实室内外环境转化的实施过程就是设计实施阶段。工程的技术人员和建筑工人在设计实施阶段中进行施工依据的是图纸的精确尺寸和制作方法。设计师虽然已经基本完成了设计图纸，但是其设计工作并没有完成，设计师肩负着对设计图纸的局部调整工作，还有与施工现场的密切配合工作。

在整体施工图设计完成后，设计师与施工单位及投资方针对图纸中存在的局部设计问题进行及时的沟通与交流并进行局部调整的过程就是局部图纸调整。局部图纸调整阶段可能会进行局部施工节点等图纸的改动，但绝对不会出现全盘推翻式改动。进行局部图纸调整的原因有很多，主要的原因有以下几点：① 技术因素；② 建筑本身因素；③ 资金因素。

设计师在项目施工的进程中要常常到施工现场，在施工过程中，把控设计方案的整体效果和细节。设计师的现场配合就是指通过现场技术性的设计修改来解决施工图纸与实际施工现场之间存在的差异。

二、环境艺术设计的成果形式

（一）规划设计说明书

① 方案特色。

② 现状条件分析。

③ 自然和人文背景分析。

④ 规划原则和总体构思。

⑤ 用地布局。

⑥ 空间组织和景观设计。

⑦ 道路交通规划。

⑧ 绿地系统规划。

⑨ 种植设计。

⑩ 夜景灯光效果设计。

⑪ 主要建筑构筑物设计。

⑫ 各项专业工程规划及管网综合。

⑬ 竖向规划。

⑭ 主要技术经济指标。

⑮ 工程量及投资估算。

（二）方案阶段图纸（彩图）

① 规划地段位置图。

② 规划地段现状图。

③ 场地适宜性分析图。

④ 广场规划总平面表现图。

⑤ 广场与场地周边环境联系分析图。

⑥ 景点分布及场地文脉分析图。

⑦ 功能布局与空间特色分析图。

⑧ 景观感知分析图。

⑨ 广场场地及小品设施分布图。

⑩ 广场夜间灯光效果设计图。

⑪ 道路交通规划图。

⑫ 交通流线分析图。

⑬ 种植设计图。

⑭ 绿地系统分析图。

⑮ 竖向规划图。

⑯ 广场纵、横断面图。

⑰ 主要街景立面图。

⑱ 广场内主要建筑和构筑物方案图。

⑲ 综合管网规划图。

⑳ 表达设计意图的效果图或图片。

（三）成果递交图纸（蓝图）

① 规划地段位置图。

② 规划地段现状图。

③ 广场规划总平面图。

④ 道路交通规划图。

⑤ 竖向规划图。

⑥ 种植设计图。

⑦ 综合管网规划图。

⑧ 广场小品设施分布图。

⑨ 广场纵、横断面图。

⑩ 主要街景立面图。

⑪ 广场内主要建筑和构筑物方案图。

第二节 设计方法

一、设计方法与方法论

对设计来说，方法也就是为达到设计的目标而采用的途径。应该说，一个设计目标并非只有一个途径或一种方法，但方法与道路选择的正确与否将对设计所用人力、物力、财力等产生很大的影响，甚至影响到最终的设计结果。人类自从开始制造工具、使用工具，就已经形成了设计的雏形，设计在人类的实践中不断得以进步和发展，数千年的积累使人类具有了相当丰富的设计经验，但对于设计方法的专门研究和理论的探讨却是在 20 世纪 60 年代才开始的。

社会的工业化和自然社会科学的飞速发展促进了对设计方法的理论研究，各种设计方法和方法论也相继问世，使得设计趋向完善。但是，毕竟由于方法与方法论的研究历史不长，学说众多，各有所长，加之设计自身的门类繁多，各有专业特点和要求，仍难做到有统辖全部设计的最权威的设计方法理论，何况是专门的环境艺术设计方法。也许还需要更长的时间和更多的专家去研究和探讨，最后方能总结出一套最切合实际的环境艺术设计的方法理论。只有选择了最佳的方法，才能真正符合设计的基本规律和要求。

现代设计的趋势是朝着多元化的方向发展，因此，设计方法也是多样化和层出不穷的，主要的代表性方法有技术预测法、科学类比法等。每一种设计方法的目标和范围不尽相同，所以不同的学科和专业可以从不同的角度采用不同的方法。下面是对与艺术设计有相近关系的设计方法的简述。

① 科学类比法。在设计的前期将收集到的各种有关设计的信息和对象，以推理的方法进行类比的方法，类比的因素主要包括因果类比、对称类比、协变类比和综合类比等。

② 相似设计法。相似设计法是利用同类设计物间的静态与动态的相似性，根据样机或模型求得新设计的方法。

③ 模拟设计法。模拟设计法是利用异类设计物间的相似性进行类比设计的方法，此设计法已从数学模拟、物理模拟发展到动能模拟、智能模拟，所以被称为高级阶段的设计方法。

④ 计算机辅助设计法。计算机辅助设计法是智能型设计方法，由完备的CAD系统的科学计算、绘图与图形显示、数据库三方面功能搭配而成。

⑤ 模糊设计法。模糊设计法指根据实际经验确定参数、控制、算法与过程的规则的设计方法。

一般方法或方法论，都是针对设计并解决某个方面的问题的一种科学的方法，每一种方法都有合理的因素，并且都有一定的适用范围，但没有任何一种方法可以解决设计的所有问题。所以要了解各种设计方法的特点和作用，在环境艺术设计的过程中，可以借鉴或部分借鉴各种设计方法。总之要找到适合环境艺术设计的设计方法，以帮助设计更加省时、省力和有效。

二、环境艺术设计的工作方法

（一）设计文书

文书包括设计说明书、设计图等文件。制作设计文书的目的有两个：其一，正确提出工程造价；其二，使设计方案完整、准确地表现出来。

1. 设计任务书

环境艺术设计是一项复杂的系统工程，在理论上，环境艺术设计中的任何人都具有同一个最终目标，但是在实际的实施过程中，同一项目对于不同的部门所具有的含义不同，承担的任务也不同，因而他们在考虑问题时具有不同的着眼点，在这种情况下相互矛盾的情况就可能出现了。任何一个环境艺术设计工程，从策划到其最终的实施总会涉及各种各样的问题，包括政治、文化、审美、材料等。对以上各种问题的综合要求就构成了设计任务书。

2. 设计任务书的制定

在表现形式上，设计任务书会出现意向性协议、正式合同等不同的类型，设计任务书是在项目实施之初对设计总体方向和要求的确定，这个要求包含两方面的内容：其一，空间设计中的物质功能；其二，空间设计中的审美精神。设计任务书是一种具有法律效应的文件，它不仅对委托方（甲方）有制约的作用，而且对设计方（乙方）也有制约的作用，甲乙双方都必须遵守任务书规定的各项条款，为工程项目的顺利实施提供保障。

在形式上，设计任务书的制定有以下几点主要表现：

① 设计任务书的制定应当充分尊重委托方（甲方）的意见。只有在甲方设计概念成熟的基础上才能进行设计任务书的制定，设计任务书要求设计师将甲方的构思要求忠实地表达出来，因此，设计师必须要加强与甲方的交流合作，使甲方的意图在设计方案中得以充分体现。

② 设计任务书的制定要依据等级档次的要求。在制定设计任务书的过程中，可以对星级饭店的标准和要求进行套用，在制定时，需要考虑甲方的经济实力，需要考虑建筑本身的条件，还需要考虑周围的环境。

③ 设计任务书的制定要依据工程投资额的限定要求。在甲方已经确定投资额的前提下，需要在方案设计中做出概算。

现阶段，合同文本的附件形式是设计任务书的主要形式，主要内容包括工程项目的地点、在建筑中工程项目的位置、工程项目的设计范围与内容、艺术风格的总体要求、设计进度要求与图纸类型等。

3. 针对任务书的分析

在拿到设计任务书之后，设计方需要深入分析设计任务书的内容以及隐藏在背后的含义，其内容主要包含两方面：

（1）制约项目实施的因素。

① 社会政治经济背景。设计项目的制定不是天马行空的想象，在设计项目制定的过程中，不仅要考虑国家、政府等的物质和精神需求，还要考虑经济条件、风俗习惯等因素。

② 双方的文化素养。双方的文化素养包括设计者心目中的理想空间形象、个人抱负等；委托者所受教育的程度、审美爱好等。

③ 经济技术条件。经济技术条件包括在手工艺及工业生产中，科学技术成果的应用程度，除此之外，还包括手工艺及工业生产中的材料、结构等。

④ 形式与审美理想。形式与审美理想主要包括设计者的艺术观、设计者的艺术表现形式、设计者环境艺术语汇的使用情况。

（2）项目实施的功能分析。

受到心理上主观意识的影响，设计者在设计项目实施的过程中只有进行严格的功能分析才能做出正确的决策，这个正确的决策主要依据两方面内容：其一，系统工程的概念；其二，环境艺术的意识。功能分析的主要内容包括：① 社会环境功能分析；② 建筑环境功能分析；③ 室内环境功能分析；④ 技术装备功能分析；⑤ 装修尺度功能分析；⑥ 装饰陈设功能分析。

（二）设计程序

1. 设计准备阶段

设计准备阶段的主要工作包括：其一，设计委托任务书的接受；其二，合同的签订；其三，设计期限的明确；其四，设计计划进度安排的制定；其五，配合与协调有关专业、工种。

第一，必须对有关的政策法规进行了解，主要包括：① 基地的土壤；② 基地的气候条件；③ 使用者的需求；④ 大量同类场所的设计与使用情况。这就需要常常到现场进行勘察测量，以获得最为直观的印象。

第二，必须要对设计任务和要求有一个明确的认识，如设计对象的使用性质、造价控制，以及由此引申出来的环境氛围、文化内涵和艺术风格等。了解建筑材料的种类和价格等；了解与设计有关的规范，熟悉与设计有关的定额标准，对必要的资料和信息进行收集分析，包括调查踏勘现场以及对同类型案例的研究等；然后对这些信息进行筛选、分类、汇总等。

2. 方案设计阶段

方案设计阶段是一个寻求答案的阶段，以设计准备阶段为基础，对与设计任务有关的资料和信息进行进一步的收集、分析和运用。构思立意，提出有针对性的解决办法，进行初步方案设计，并对方案进行分析与比较。

方案设计阶段主要考虑的是那些带全局性的问题。一般情况下先设定一个总目标，以此为起点，层层向下推进，确定不同层面的分目标。各个分设计目标都有自己的特殊性，既相互独立，又相互关联，相互影响，相互牵制，形成了错综复杂的局面。设计师不可能在设定总目标时，就把相关的次级目标都找出来。随着设计的深入，一些矛盾或问题才会不断显露出来，这就需要回过头对最初的设想进行调整。可以说，设计的过程就是一种在前期以收集概念性信息为主，后期以收集物理性信息为主，频繁交换信息，边进行边反馈的过程。

徒手的草图设计是初步设计阶段的重要且最常用的手段，它是一种综合性的作业过程。从草图开始，统一构思家具、装修设计等，对空间形式与尺寸给予准确的确定，对大致的色彩与材质进行统一归纳。

初步设计方案的文件通常包括：

① 彩色透视效果图，应充分考虑拟建场所与城市规划、周围环境现状的关系，以及

基地的自然、人文条件和使用者的要求等。

② 平面图或彩色平面布置图（包括家具布置），常用比例为 1∶50 和 1∶100。设计师应结合平面布局规划，推敲场所的形式，使它不仅符合形式美的规律，而且具有深刻的美学意义。

③ 剖立面图，常用比例为 1∶20 和 1∶50。

④ 天花平面图，常用比例为 1∶50 和 1∶100。

⑤ 三维模型，常用比例为 1∶20、1∶50、1∶100 等，这应根据具体情况而定，设计师应力图准确、清晰地表达设计意图。

⑥ 选用材料样板，如墙纸、涂料、地毯等。

⑦ 设计说明。设计说明主要是用文字来表达构思、审美风格取向与追求，特别是本方案的创新之处。

⑧ 如果甲方有特殊要求或项目规模较大，可以制作三维动画演示文件。

3. 施工图设计阶段

施工图设计就是进一步深化初步方案设计的过程，是连接设计与施工之间的桥梁，工人施工以施工图为直接依据。施工图设计阶段的内容包括整个场所和各个局部的确切尺寸及具体做法、结构方案的计算、各种设备系统（水、暖、电、空调等）的计算、选型与安装等。具体来说，其中包括施工中所需的有关平面布置、立面及顶平面的详细尺寸；构造节点详图、细部大样图，材料及作法的详细说明，选用材料、设备的型号、具体特征等。

4. 设计实施阶段

工程的实际施工阶段就是我们所说的设计实施阶段。设计人员在施工之前不仅要将设计意图告知施工单位，还要为施工人员解释图纸技术；按图纸要求在施工期间对施工实况进行核对，必要时还要以现场实况为依据局部修改或补充图纸；施工结束时完成工程验收。

要想设计取得预期的效果，设计人员需要做到以下几点：① 抓好设计各阶段的环节；② 对设计、施工等各个方面充分重视；③ 熟悉其与原建筑物的衔接；④ 将建设单位与施工单位的相互关系协调好，使双方在设计构思和意图上达成共识，最终取得理想的效果。

（三）设计技法

1. 从规划到设计

如果设计的前提是无限的时间与劳动力，那么工作完成的时间就不可预估了。所以设计进行的条件必须是有限的时间和劳动力。由此可知，我们的目标是规划整个设计过程，管理各个阶段，使项目在规定时间内圆满完成。虽然设计工作具有连贯性的特点，但是可以依据工作的不同性质来进行阶段的划分，提高每一阶段的工作效率。

在设计过程中，对资料、图纸等进行分析、整理是一项非常重要的常规工作，这项工作有利于我们规划和管理时间。而且在设计方案阶段，灵感和启发的获得还需要相关资料的查阅，并在此基础上对问题进行深入的构思、推敲，从而使问题得以恰当地解决，这都是很常见的。设计师需要对自己头脑中潜在的信息、构思等有意识地加以引导控制。因为设计工作是“发现问题—解决问题”的思考过程，而不是“设计图—表现成品”的过程。认识到这一点，就可以充分发挥设计师的创造能力。

在这个过程中，图式思维法是最有效的手段之一。它可以帮助设计者解决构思和表现问题，迅速捕捉灵感，将思维中动荡不定、含混不清的想法变为一种直观的形象。通过观察、推敲，通过视觉的交流进行再创造，设计师可将最初的想法不断加以完善。

2. 从设计到细节

方案设计完成并获得认可后，设计师除了从人的视线等功能性方面进行核查确认以外，还要考虑技术方面的有关问题。设计师在工作中有时需要对各种资料进行参考，甚至对模型或实物进行参照。为了让甲方在对设计方案的理解上更为容易，需要进行一定的呈现，其主要的呈现方法有以下几点：

① 透视图、轴测图。这些都是易于表现空间的方法，形象且直观。透视图应考虑到人的活动状态，以模拟出接近真实的效果。

② 平面图、剖面图及展开图。空间的用途及功能用平面图来表示，据此可了解家具、设备等的位置、大小及相对关系。剖面图和立面图表示出立体的关系。

③ 材料实物、照片。设计师为了对室内空间有更具体的理解，可以展示实际使用的内部装修材料的照片，展示内部装修配件的实物，尽量以实物展示，也尽可能接近设计效果。

④ 图表法。设计构思、结构与设备等应尽量用简洁明了的图纸、图表来表示。

向业主呈现以上资料，使之对基本设计构思有较为准确的理解，这些材料把抽象的要求和设计概念以具体的形式表达了出来，以便做出生产及施工所需的预算、制作出正确的施工图纸。

（四）设计表达

大多数情况下，面对的受众不同，即使采用同一种表达方式也会产生完全不同的理解。众所周知，图形表达方式是视觉最容易接受的。由于设计的最终产品不是单件的物质实体，而是一种综合感受，所以即使选择图形表达方式也很难传递出其所包含的全部信息。正因如此，环境艺术设计的表达中要想实现受众的真正理解，必须将所有信息传递工具全部调动起来。图形表达的传递功能具有直观的视觉物质表象性。虽然环境艺术设计以三维空间和实体为最终结果，但是设计工作的完成依靠的却是二维平面制图过程。正因如此，将所有可能的视觉图形传递工具调动起来，力图在二维平面制图中完成具有三维要素的空间表现，同时考虑时间和空间的要素，就成为环境艺术设计图面作业的必须要求。

（五）环境艺术设计的评价标准

环境艺术设计成功与否的评价标准是以人们对环境的要求为前提的，可以归纳为以下几点：

① 实用功能。首先，要求环境场所内空间布局清晰、视线畅通、交通易于维护；其次，要求适当控制环境场所内的采光、污染等，缓解环境压力。

② 美学要求。首先，要求景观优美、造型独特；其次，要求生动鲜明的形象、独特的个性特征；最后，要求时间与空间的和谐与延续。

③ 文化意义。环境艺术设计为人们提供了物质、精神、社会、心理的环境，它是不同时代人类社会精神和物质生活的集中体现。人们的环境意识不断提高，使人们对人居环境的文化气质更加关注。

第三节 环境艺术设计的构成

一、光环境的构成

（一）视觉与光环境

1. 人的视觉感应与视觉特征

（1）人的视觉感应。

人从环境中获得的物象感觉信息是通过眼睛这一感受器官来感应的。眼睛的结构大体上被晶状体分为前后两个部分，光经由角膜、瞳孔，并通过晶状体之后，行进于玻璃体，到达分布着很精细的神经细胞网络结构的视网膜，这里环境艺术设计基础与表现研究是视觉形成的第一站。视觉感光细胞有两种类型，即视杆细胞与视锥细胞。前者在黑暗环境中对明暗感觉起决定作用，对于灰色光线比较敏感；后者在明亮环境中对色觉和视觉敏锐度起决定作用，形成色视觉。视神经将视觉信息进行传导，最终到达大脑视觉中枢，在这里把神经冲动转换成大脑中认识的景象，从而形成视觉的感应。

（2）人的视觉特征。

人的视觉具有自身的一些基本性质，在这里就与设计相关的部分特征做简要介绍。

① 视域范围。由于生理条件的限制，人不可能在同一时间看到空间环境中所有的物像。一般来说，在头部不转动的情况下，能看到水平面 1 800 mm、垂直面 1 300 mm、上边界 600 mm、下边界 700 mm 的范围。

② 视敏特性。人眼的视觉敏感度被称为视敏度，对于不同波长的光视敏度也是不同的。

③ 亮度感受。视觉对于亮度的感受是不同的。这种情况受两方面条件的限制：物质实体自身的亮度值，还有它所处具体环境的平均亮度。当人眼感受亮度时，还可以产生一些视觉的特殊状态，例如，一定强度的光突然作用于视网膜时，视觉对于亮度的感受是逐渐上升的，当光突然消失时，亮度感觉并不会立刻消失，而是总是滞后于实际亮度，这被称为视觉惰性。当我们观察刷新率不够的计算机屏幕时，会感觉到令人不悦的闪烁，但如果将重复频率提高到某个定值以上，就感觉不到闪烁了，这也是由视觉的生理特点决定的。

④ 色彩感受。视觉能够感知色彩，不同波长的单色光会引起不同的色彩感受，这在前面的内容中已经提及过了。另外，对于视觉来说，有时候来源于不同光谱的组合却能够引起相同的色彩感受。例如，在多种光组合的情况下都可以产生出白色光。眼睛能够分辨出的色彩有数千种。

⑤ 视觉分辨力。人的视觉具有一定的对于细节的辨识能力，这就是视觉分辨力。人眼对于黑白细节的分辨力较高，高于对色彩的分辨力。而且实验证明，人眼对于静止物体的分辨力较高，要高于处在运动中的物体。

2. 光学相关要素

对于光环境的学习与研究离不开光度学，光度学与光相关的常用量有光通量、发光强度、照度、亮度。

（1）光通量。

人眼对不同波长的电磁波在相同的辐射量时具有不同的明暗感觉，这种视觉特征称为视觉度。用来衡量视觉度的基准单位称为光通量，单位是流明（lm）。光源发光效率的单位是流明 / 瓦特（lm/W），不同的光源有着不同的发光效率：如晴天环境下天空光的发光效率为 150 lm/W；150 W 的白炽灯其发光强度是 16~40 lm/W。

（2）发光强度。

光源在某一方向单位立体角内所发出的光通量称为光源在该方向的发光强度，单位为坎德拉（cd）。

（3）照度。

被光照射的某一表面，单位面积内所接收的光通量称为照度，单位是勒克斯（lx）。研究表明，某一表面的照度与光源在这个方向的发光强度成正比例关系。

（4）亮度。

光学中，由被照面的单位面积所反射出来的光通量即表示为亮度。影响亮度的因素有很多，如人眼在某一阶段的生理特征、物体的表面特性、环境背景等。

3. 光的不同形式

人所看到的光环境是由许多不同形式的光组成的。光的基本形式通常分为五类：

（1）直射光。

可以直接进入眼睛被视觉感知的光，如晴朗天气条件下的太阳光，属于直射光。

（2）散射光。

当光源照射物体时，光受到物体（通常为表面）的影响而产生散射，这类光称为散射光，例如加上柔光纸的灯具发出的光。

（3）反射光。

当光源发出的光遇到物体时，某些光线被反射，称为反射光，如平面镜反射出的光。

（4）透射光。

当光源发出的光遇到物体时，一部分入射光穿过物体后所射出的光，称为透射光，被透射的物体为透明体或半透明体，如玻璃、滤色片等。

（5）折射光。

当光从一种透明均匀物质斜射到另一种透明物质中时，传播方向发生了改变，称为折射光。例如从有水的玻璃杯中看插入其中的筷子，在视觉上发生了弯曲。

4. 材料的光学特性

当光接触到物质实体时，因为其材料不同，会产生不同的视觉感受。环境艺术设计常用的材料为建筑装饰材料。从光学的观点出发，材料则可以分为定向类和扩散类两类。定向类，即光线经过反射和透射后分布的立体角没有发生改变，如镜子、透明玻璃；扩散类，即能够使入射光有不同程度的分散。

在光学中，光接触物体有着更为复杂多样的情况：

（1）定向反射和透射。

光照射到如玻璃镜、抛光金属等材料的表面时能够产生定向反射；而照射到玻璃、有机玻璃等材料表面时可以产生定向透射。因为均经过了介质，所以这两种情况下的光比原光源发出的光无论在亮度还是发光强度上都有所减弱。

（2）扩散反射和透射。

当光照射到石膏、砖墙等材料表面时，产生的光的扩散称为均匀扩散反射，它的特点是各个角度亮度都相同；当光接触到白玻璃、半透明塑料等材料时，则会产生均匀扩散透射，透射光各个角度的亮度相同。

（3）定向扩散反射和透射。

定向扩散反射材料如油漆、光滑的纸等，在反射方向能看到光源的大致影像；定向扩散透射材料如毛玻璃，透过它，可以看到模糊的光源影像。

（二）光环境构成的基本内容

光环境由不同的光所组成，除了基本形式不同以外，光的种类也不尽相同，由此可以有自然光环境和人工光环境的区分，这两大类就是光环境构成的基本内容。

1. 自然光环境

这里的自然光不是广义的概念，不包括人工光源直接发出的光。在自然环境中，它包括太阳直射光、天空扩散光以及界面反光。

（1）太阳直射光。

一般在晴天的天气条件下，我们可以很直接地感受到太阳直射光。它带来的热量也很大，是自然光环境中最重要的光。其实，在一天之中，太阳直射光在不同的时间段有着不同的照度和角度。因此，产生出变化多样的外部空间环境效果（对室内空间光环境也有着很大的影响）。根据对不同时段太阳直射光的特征进行的分析，可以大致分为三个阶段：

① 第一阶段。早晚时段，或称为日出、日落时刻。太阳光与地面成 0°~15° 夹角。这一阶段太阳光色温低，光投射角度低，光线柔和，被照物体阴影长，冷暖对比强，空间层次丰富，色彩多样。

② 第二阶段。上、下午时段。太阳光与地面呈 15°~60° 夹角。在这一时段光源的光谱成分稳定，亮度变化小，被照物体轮廓清晰，立体感强烈，材料质感的视觉感受也较好。

③ 第三阶段。中午时段。太阳光与地面呈 60°~90° 夹角。这一时段太阳光顶头照射，在夏季几乎和地面垂直，光线强烈，被照物体阴影小，反差也较大。

另外，还有黎明或黄昏的时段，太阳还没有升起或已经落下，空间环境的物体靠天空扩散光照明。

（2）天空扩散光。

天空扩散光是一种特殊形式的光，它是由大气中的颗粒对太阳光进行散射及本身的热辐射而形成的。严格说，它不能被称为光源，而可以被看作太阳光的间接照明。

天空扩散光可以产生非常柔和的光线效果，照度普遍不高，所以对于被照物体细节的表现力不够。由于太阳光透过大气层，蓝色光波被散射出来的最多，所以天空呈现出美丽的蓝色。

（3）界面反光。

外部空间环境的界面由各种材料构成，有土石等天然材料，也有多样的人工材料。当这些材料接收太阳直射光并与天空扩散光发生综合作用时，可以产生复杂的界面反光，对光环境产生极大影响。

2. 人工光环境

人工光是相对于自然光的灯光照明。优点是较少受到客观条件限制，可以根据需要灵活调整光位、亮度等。至于产生人工光的人造光源，则是指各类灯具。其中有热辐射光源，如常见的白炽灯、卤钨灯；气体放电光源，如荧光灯、金属卤化物灯；发光二极管，也就是常说的LED；还有光导纤维等。具体的灯具分类则有着多种依据，可按光通量的分布分为直接型、半直接型、半间接型、间接型等；还可以根据安装方式的不同分为悬吊类、吸顶类、壁灯类、地灯类及特种灯具等。

（三）光环境构成与空间表现

光的构成即用光和光的现象性质来做构成，光环境构成则是在光构成的理论与实践基础之上研究它与环境诸多要素之间的关系。

1. 光的构成原理

（1）色光混合定律。

色光混合是一种加色混合。格拉斯曼（H. Grassmann）在1853年就总结出了色光混合的基本规律，适用于各种色光相加混色。他认为人的视觉只能分辨颜色的三类变化，即三要素：两种颜色相混合，若其中一种颜色的成分连续变化，则影响混合色也产生连续变化。其中，两种颜色以一定的比例相混合产生出白色或灰色，此两种颜色为互补色。若以其他比例混合，则产生接近占有比例大的颜色的非饱和色，这为补色律。两种非互补颜色混合，将产生两颜色的中间色，其色调受控于两颜色的比例，此为中间律。

（2）三原色光混合规律。

红、绿、蓝三原色光等量混合时产生白光；红光与绿光等量混合产生黄光；红光与蓝光等量混合产生品红光；绿光与蓝光等量混合产生青光。其他色光均有混合规律，这里不再一一列举。

2. 人工光环境干预

早晚时段，太阳光投射角度低，光线柔和，天空光能够产生一定影响，反光亦不很强烈。无论室内还是户外，物体自身特征不是太明显，但明暗对比关系比较好，能产生较长的阴影面。亮面具有某种视觉透明效果，暗面则因为灰色变化少，明暗差别弱而更显得沉闷，但并不暗淡，仍具透明感。空间中距离视觉较近的物体非常柔和，且有一定的冷暖光色对比，透视感强烈。整体光环境中混合色的纯度不会太高，但色彩多样，层次变化丰富，明暗对比适中。这一阶段时间较短，光线强弱变化大，可以适当布置人工光源来延长时间段的视觉效果。但应注意光线不要过于强烈，以免使人的情绪起伏过大。在整体光环境中，还可以改变个别物体的光照关系来吸引人的注意力，例如用局部照明增强物体明暗对比，加大纯度对比，或缩小阴影面积。在户外，为减轻直射光带来的视觉刺激可运用一定的遮挡物。干预的目的是使光环境具有更好的表现效果，给人带来的精神状态更为平和，创造更强的舒适感。

上下午时段，环境中有大量反射光，光照强度稳定，亮度变化小。空间中的物体表现性很强，具有非常明确的形体特征，有较强的立体感和质感表现。因为接收了大量反射光，物体本身明暗对比稍微减弱，本身材料的固有色特征明显，阴影面也适中。在这一时段，如果没有特殊需求，不需要很多的光环境人工干预。对自然采光不太好的室内环境可以适当补充人工照明。但应该最大限度地利用自然光条件，让人们充分体验光环境带来的良好效果。亦可以大量利用反光丰富色彩层次，但不要过多，以避免产生光污染。

中午时段，在晴朗的天气条件下太阳光顶头照射，光线强烈，天空光影响较小。室内外光线都很明亮。室外物体自身阴影小，浓度较重，明暗反差大，水平面明亮，垂直面亮度小或完全处于阴影中，接收的反光强烈程度根据具体情况而定，反光较强则暗部的明暗、色彩变化多样，反光较弱则拥有浓重的暗面，向黑色靠近。室内总体环境较明亮，物体光照关系反差大。在这种情况下，人较易冲动，情绪波动也很大。人工光环境干预可以改变顶光造成的强烈的视觉不适，对不需要直接强光照射的物体采用遮罩物；在光线强烈且热量大的地方制造冷光，带来心理上的凉意；在偏冷的地方（如阴影区）适量补充暖光；通过更换反光材料产生更加多样的色彩及明暗变化；或者利用动态光增加空间环境的情趣。

在日光不理想的条件下，例如天空中有多而薄的云，对日光产生了遮挡，从而使光失去了直射光的性质，但还保留着方向性，环境中以天空扩散光为主，界面反光也不很强烈。或者在完全阴天的天气条件下，环境受天空扩散光影响，整体较为阴沉，光线分布很均匀。室外光环境的适宜度较好，室内略显昏暗，容易使人的情绪低落。为了整体光环境的舒适度，不能大面积使用光色复杂多变的人工光源，可以在室内亮度低的地方适当进行光线补足，考虑方便调节的局部照明增强空间环境的透视感，不应盲目安排大空间全局照明。

3. 人工光环境设计

应根据不同空间环境对光的具体要求进行构成安排。这里将空间光环境分为安全照明环境、工作照明环境，以及装饰照明环境三种。

（1）安全照明环境。

无论视觉对周围的光环境有着怎样苛刻的要求，安全性始终并必须是进行光环境设计的第一个重要方面。安全性的要求主要有对于视觉感官的安全，还有由光带来的环境自身的安全。生活的经验告诉我们，眼睛不可以直视突然而来的强光，这种情况甚至会导致暂时的失明。在空间光环境中，要尽量避免眩光的产生。眩光是由于强光直射入眼从而产生的视觉不适。要求对于强烈的直射光源必须要有在主要视觉角度的遮光罩。这对空间表现的影响并不大，却积极保护了视力。空间环境本身需要安全性照明，通常由各类指示灯牌、警示灯具、路线引导灯具构成。另外，无论对于室内还是户外空间环境，都不希望有光污染，它一方面产生严重的视觉刺激，另一方面会严重影响环境的安全性，干扰正常的环境秩序，必须予以重视。照明环境中的各类光，均有着严格的亮度、色相、纯度的要求，设计中应当依据国家照明标准，严格选用合适的灯具及安装方式，对不同照明方式的照明质量、亮度以及灯具数量进行限制。

（2）工作照明环境。

工作照明环境一般安排在室内，也有着严格的照明规范。它不要求空间光环境构成多么复杂华丽，只要满足最基本的工作需要即可。不同工作环境对于光的要求也有所区别，例如，医院操作室必须在满足基本照度的条件下减少或削弱阴影的不利影响；而学校教室要求灯具的选择与布置能够最大限度地保护视力等。一般亮度要求不宜过高，色相根据具体环境有偏冷与偏暖，但不会过于艳丽，纯度一般来讲也不应该太高。在大型的工作车间、办公空间等环境中，通常选用全局照明的方式，在个别区域配合使用一些局部照明来增加亮度。照明角度视工作面而定。这类光环境的空间表现效果不明显，但对于工作需要而言，却是很适宜的。

（3）装饰照明环境。

相较前两种环境，装饰照明环境是最令设计者兴奋的。它的灵活性强，总的原则是在保证基本照明安全，拥有舒适视觉感的条件下创造具有良好光照关系的空间光环境，使空间环境富有魅力。室内装饰照明环境分为很多种情况，有的要求以静态光构成层次丰富的光环境，有的要求以动态光构成璀璨的光环境。对光的亮度、色相、纯度没有具体要求，可以按照环境需要依据光构成原理合理搭配使用。全局照明运用不多，一般以点光源、线光源，或者小面积的面光源分散照明方式为主。空间表现力很强，常综合运用透明色、混合色、反射、镜映像、折射、偏光，以及由光运动产生的余像、明灭、光迹等多种光构成视觉效果。外部空间装饰照明环境则需要考虑更多周边影响因素，例如远距离以外的强光干扰，光环境背景的亮度、动态成分等。适合外部空间使用的灯具与室内也有很大差别，应该根据环境安全标准，选择合适的照明方式、照度，以及光源角度，消除各种不利因素，创造安全、使用性强、具有良好视觉效果的外部空间光环境。

4. 光环境调控

自然光与人工光的综合作用会产生非常复杂的光环境，其构成关系不是特别明确，需要仔细研究梳理。应区分在复杂的光环境下可以调控或影响的方面。要以人工光的创造符合自然规律、不要盲目追求环境变化为基本调控原则。

自然光规律性强，变化大，但人的眼睛却是习惯的。在动态光与静态光的混合构成中，人工光根据具体的需要进行合理利用。如果不需要变化性强的动态光，则必须努力创造静态光环境，消除来自自然光的不利影响，如各种静态展示空间；如果空间环境需要动态的光效，则可以充分利用自然光色彩丰富、层次多变的特点来创造富有活力的光环境，如露天演示广场环境。空间表现一般以其中一类作为侧重点，而不要将动态与静态光环境分半处理，分半处理容易造成视觉迷惑。

各种方式的光构成可以产生丰富多彩的光色、亮度，以及纯度的变化。视觉环境是不同的光属性相互作用的综合结果。设计中可以运用不同的组合对光色进行调控，使冷暖相宜，在综合中求变化，在变化中求统一。注意对整体环境亮度的把握，在自然光变化的情况下，及时调控人工光，使整体光环境不会产生太大的视觉落差。此外，还应该控制环境中光的纯度。当然，这些光属性的调控要依据空间表现的效果而定。

5. 光环境构成的注意事项

（1）注意阴影的影响作用。

物体和它的影子是作为一个整体起作用的。阴影分为投射阴影和附着在物体旁边的阴影。附着阴影可以通过它的形状、空间定向以及与光源的距离，直接把物体衬托出来。投射阴影就是指一个物体投射在另一个物体上面的影子，有时还包括同一物体中某个部分投射在另一个部分上的影子。这非常明确地告诉了我们物体和阴影的关系。因为光的作用，它与物体产生了紧密的联系。在空间环境中，它的明度、纯度、面积，有时还包括色彩，对光环境有着非常大的影响。它的灰可以衬托光的明亮；它的面积偏大可以使环境具有阴暗的神秘感：它的投射还可以影响光在物体上的表现；由于视觉的关系，阴影在空间中还具有集聚性，影响着空间的透视性等。设计中特别需要注意阴影的影响作用，务必将它与物体，还有空间环境视为一个统一体。

（2）留心空间精神要素的变化。

光环境的变化通常是快速而微妙的，有时能够令视觉立刻领会，有时则需要细心观察与体验。变化带来空间中人的精神状态的改变。一个细微的弱光投射能够引起视觉的注意，从而不经意间产生情绪的波动；一个光色的倾向性可以影响人直接体验空间的精神状态。精神要素的变化是人与空间发生关系的直接反映，体现出设计的好与坏。所以，在光环境的创造中，一定要留心它的变化。

（3）重视整体光环境效果。

最后，需要进一步强调光环境的整体性。这是在任何时候，在设计的任何阶段都必须予以重视和详细考虑的。对于光而言，它的构成灵活而多变，由此就更容易产生环境在一个时段内的不统一，甚至是支离破碎，这无疑是最糟糕的情况。因此，观察与设计光环境必须最终回到整体，考量细节设计的综合效果是否能够使整体空间环境和谐统一。

二、空间环境的构成

（一）空间的构成要素

1. 物质要素

这里的物质指的是狭义的物质，即构成世界的实体性物质，如一堵墙、一池水，它们通常都有具体的形状或形体，占有排他性空间，还包括能量的一种聚集形式，如光、磁场、电场等，可以共享空间而且同样具有方向性等空间属性。

（1）空间形态的抽象要素。

点、线、面、体是人们对于空间中物质实体的形态进行概括的结果，它们不同于几何学中的概念，虽然是概括性的形态描述表征，但在实际中它们作为可以被感知的对象，都有着自己各个方面的外部或内部表现，如形状、色彩、肌理、组成材料等，带给人们的感觉信息也各不相同。

（2）空间形态的具体要素。

谈到形态的具体要素，自然会根据我们自身的生活体验联想到周围构成空间环境的物体。无论是对室内空间环境而言，还是外部空间环境，都可以分为以下两类：

① 竖直（垂直）/ 深度方向。以建筑物的柱、墙、楼梯等垂直构件以及外部空间的树木、其他竖直类构筑物为代表。

② 水平 / 深度方向。以建筑物的地面、横向顶面、楼板为代表，具有明显的水平深度方向维度特征。

需要特别指出的是，这些要素的分类是相对而言的，它们也同样具有第三方向维度，是三维物体。只是相对于另外类型的要素来说，它们在某一个方向上（竖直或水平）维度特征较为明显，可以以此作为划分依据。

（3）空间的能量性要素。

空间的能量性要素主要是指光、热、磁场、电场等。这类要素没有物质实体，但通过感受器官，或者一定的设备可以被人们感知，对空间的影响也是环境艺术设计应当考虑的内容。在空间构成中，一般通过对实体性物质的处理达到改变能量性要素的目的。

2. 精神要素

精神的一层意义是指人的意识、思维活动和一般心理状态。人作为一个精神实体，精神来自对客观对象的感知。

（1）人对于具体要素产生的感觉。

具体要素处于静态（指相对静态）时，人们对其的感觉通常来自这些物体的客观属性以及它所在的客观环境；处于动态或有动态趋势时，在客观属性感觉的基础上，人们还会增加对于要素运动状态的感觉信息，以及对即时动态以外的以往动态的联想和未来动态的期望。

（2）整体空间使人具有的精神状态。

整体空间对与它产生某种联系的人的精神状态会产生很强的影响作用，或兴奋，或沮丧，或悲伤，或平静。这种精神要素具有灵活性和时间性，可以随着空间构成的变化甚至细节的更改随时发生改变。所以，它是设计者处理空间环境时必须加以详细考虑的。

（3）空间构成的基础。

空间构成的难点在于，在空间中，既要考虑各个维度上各种构成要素的具体属性，又要综合全局，将空间看作一个整体，全盘考虑各种构成要素之间的相互作用关系。短时间内，这并不容易做得很好，需要有丰富的经验积累和大量训练，以及要有创新的敏感度。

（二）空间环境的类型

环境的类型与人类生活方式有着密切的关联，一种特定的类型是一种生活方式与一种形式的结合，尽管它们的个体形态因不同的社会形态而有很大的差异。但是，类型可以从历史的场景中提取，这是因为环境不只是物质的，而且是具有生活记忆的客体，所以，环境的形式只是表层结构，而环境类型则成为一种深层结构。

1. 城市广场

（1）广场功能。

广场是一个特定的环境，公共性强，人流量大，拥有大量信息，它具备“目的性活动”和“非目的性活动”两种功能，尽管广场的交往活动具有短暂性、有限介入性的特征，但这类相互交往活动因面对面的真实性而产生了巨大的吸引力，它是城市空间中不可缺少的，也是城市其他地段无法替代的一种特殊功能。所以，广场的建立既要考虑广大市民的日常生活、休憩活动，满足他们对城市空间环境日益增长的艺术审美需求，又要重视现代城市广场愈来愈多地呈现出一种体现综合性功能的发展趋势。

（2）广场主题。

广场作为城市空间艺术处理的精华，它总是要体现一个城市的风貌、文化内涵和景观特色。因此，广场的主题和个性塑造是一个重要因素。例如，北京天安门广场作为首都城市空间的中心，它的主题并非是休闲活动，而是定位于“目的性活动”的政治性广场。而西安的钟鼓楼广场则以浓郁的历史背景为依托，以钟楼为第一主题，辅以鼓楼和传统的街市片段，并且结合现代的城市广场设计手法，为游人创造了一种平和而深厚的历史感，使人们在闲暇徜徉中获得知识，了解城市过去的辉煌。

（3）广场形态。

在现代城市广场设计中，有平面型和空间型两种空间形态，其中平面型是最为常见的，如上述的天安门广场就是属于平面型广场，而西安的钟鼓楼广场则是空间型广场。在现代城市规划设计中，由于城市空间和道路系统趋于复杂化和多样化，空间型的广场形式越来越受到人们的关注。

（4）广场尺度。

尺度是人们进行各种测量的标准，广场尺度的重要一点是尺度的相对性问题，也就是广场与周边围合体的尺度匹配关系，与人的行为活动和视觉观赏的尺度协调关系，所

以在环境中形成了物体尺度和人体尺度。

广场最小尺寸应等于它周边主要建筑的高度，而最大尺寸不应超过主要建筑高度的两倍。当然，如果建筑较厚重，且宽度较大，亦可以配合一个较大的广场，这里强调了物体尺度，而人体尺度在广场中也具有同样重要的地位。日本建筑家芦原义信提出的以20~25 m作为模数来对外部空间进行设计，反映了人的“面对面”的尺度范围。总之，广场长宽比是一个重要的尺度控制要素，但由于广场的形式变化万千，不尽规则，所以很难精确描述和限定，只能以经验表明，一般矩形广场长宽比不大于3：1。

2. 街道景观

城市街道与道路是一种基本的城市线性开放空间，它承担着交通运输的任务，同时又满足于市民之间的交流和沟通，并将市民引向某一目标，它是城市中的绝对主导元素。街道景观则由天空、周边建筑和路面构成。天空作为实体建筑的背景存在，变幻多端，四时无常，而路面则起着分割或联系建筑群的作用。

（1）水平意象。

街道作为城市的视觉形态必然反映出动态的发展特征。在城市轮廓线中影响力最大的是建筑物，它和城市特定的地形、绿化水面组成了丰富的空间轮廓线。城市作为一个整体以水平方向的远景方式被观赏着，它的天际轮廓线将会给人留下最为强烈的印象，引发人们更多的想象，如北京舒展而平缓的故宫建筑群，正是以水平的横向展开，给人以强烈的视觉感受，对城市特征的表达起到了极为重要的作用。

在城市干道中，人们可以获得良好的视野，道路两边的建筑物呈现出连绵的“画卷”，并且人们随着不断行进的节奏变化，而全方位地体验景观轮廓线的存在。所以，城市开阔地带具有广阔的视野，是水平展开度最大的观赏地点，连续而广阔可以产生令人兴奋的“巨幅长卷”。

（2）垂直意象。

从空间角度看，街道两旁一般有沿街界面组成比较连续的建筑围合，这些建筑与其所在的街区及人行空间成为一个不可分割的整体。特定的街景可以形成重要的意象特征，并且具有强烈的影响力，如北京的王府井大街，上海的南京路、淮海路等商业街，都会给人们留下极为深刻的印象。人们总是把一连串的商店、店铺联系在一起，构成线形的区域，特别是在熙熙攘攘的人流中，狭窄的街道，总是突出其垂直方向的对比和色彩的强烈刺激，高大的商业招牌和拥挤的人流汇成了独有的街道景观。

然而，景观的意义是必须依靠人的眼睛来完成的。那么，以人眼的构造特点和视觉习惯，人们形成了观看景物的一般规律。当观赏距离与被看实体的高度相等时，人们大多倾向于注视建筑物的细部；而当观赏距离大于被看实体的高度时，其景观效果就发生了变化，这时，人们更多的是注视建筑整体形象，或者使视觉涣散而扩展到周围的景物。

3. 区域空间

所谓区域是指某一个体或群体所占的空间范围，它在城市空间中可以有明显的边界，如围墙、绿化带等。也可以是一种象征性的限定，如一个标志物、界碑、牌楼等。特征是其主题的连续性，并且通过基地的肌理、标高、建筑形式、轮廓线、功能等变化来暗示出空间的界限。

（1）城市中心区。

城市活动可分为公共性和私密性两大类行为，公共性是聚集式的交往行为，而私密性则表现为个人及家人的活动，它保持着个人的隐秘性。然而，对于任何一个城市人来说，城市公共活动是其生活中必不可少的一个重要组成部分。为此，城市中心区就成为人们公共性活动的主体区域，它是城市的核心部分，其功能构成主要是行政办公、商业服务、文化娱乐等。

城市中心区的结构组成和形态实体，表达了人们不同的生活方式、社会组织形式和价值观，它在人们心目中有极高的地位，并且是人们积极参与的、最有活力的区域，同样的购物、娱乐等在中心区内具有极高的"心理"附加值。所以，城市中心区的功能组合存在着多种可能性，从城市运行机制来分析，它具有公共活动性强、建筑密度高、交通指向性集中等特征，这些特征在以商业、金融为主要功能的城市中心区更为明显。

（2）城市居住区。

住宅是家园的核心，是为人们提供舒适、安宁、充实生活的构筑物，它总是以一定的方式来体现其领域的存在价值，并保持其自身的独立性。例如，采用围墙、绿篱、大门、牌楼等方式来体现中国传统居住中"院"的概念。特别是在现代城市居住区中，这种领域的占有意识愈加明显，这主要表现在对特定空间范围的占有与控制上。行为方式具有较强的规律性，任何一个陌生人进入某一个体或群体领域范围时必然会使人们提起警觉，并采取相应的防卫措施。所以，领域对于人们而言，它在人的心理中产生进入"内部"的感受。

（3）城市公园。

一个城市的特征和可居性大多决定于开放空间的本质及安排方式，城市公园在城市中作为一种开放性空间，体现了为人创造的理想空间——突出的领域属性，其满足人们娱乐需求的能力远超过邻里或社区层面，它包括系统的公共集聚空间和设施。例如，市场、广场、水池、动物园、历史遗迹、室外剧场、运动场等。这些魅力无穷的场所，激发了人们奋发向上的精神状态。

界定开放空间可以在形态上与自然环境有效地区分开。"公园在城市中"正在逐渐向"城市在公园中"转化，这种转化表现在构成城市公园的重要元素，如绿地、树木、水体等逐渐增多，而且在公园中，获取阳光、空气和美丽的浮云等方面有着明显的优势。同时，在如同艺术品一般的城市公园中，人们能够体验到一种充满人性的"人的

世界”。

（三）空间景观的素材

1. 绿化

（1）绿地。

在城市环境中，人工草坪是极富有观赏价值的，它能够满足人们视觉上、心理上的愉悦。然而，草坪不能承受密集的交通，还需要充足的水分。从生态学的角度看，草坪吸收二氧化碳，放出的氧气不及树木的一半。所以，设置草坪是一项比较昂贵的项目，特别是在缺水地区更是不宜采取这种方式。为此，在环境设计中，设置草坪应当适中，并配置低植被和灌木来取代单一的人工草坪，这样使草坪的形式多样化。同时，应当考虑土壤和气候的因素，选择最佳的草种，以适应环境。此外，还应考虑人的活动需求，在草坪中铺设一些乡间式的小路（如卵石石块或石板等），使人能够参与到草地之中，去体验由绿色环境带来的一种富有情趣的空间氛围。

（2）树木。

植物作为室外空间组织的要素之一，有其重要的意义。树和灌木是基本的植物材料，树木实质简单，形式多样，经济耐活，不同的树种有不同的特定效果。灌木具有人的高度，是有效的空间构成者，它们是私密性的屏蔽，又是行动的藩篱；乔木在特定环境的影响下会产生各种迷人的形式，并且随着其成长和树龄增加而变化。同时，树木是对环境控制的主要手段。夏季可以纳凉，调节周围环境气候，引来鸟类栖息，这是一种文化的赋予，也是一种生态化的生活方式。

2. 水体

水是自然中最为重要的生存要素之一。水引入环境艺术的设计中可赋予其特定的含义，动态的水呈现生命之谜，静态的水表达统一和静止。水是一种极富变化和神奇的物质，如喷水、激流、小溪、水幕等，其形式多样、变化无穷却又具有统一性，并给人凉爽和愉悦的联想。

（1）静态水体。

如果水面是静止的，那么，它能形成镜面的效果。只要水面满盈而没有波纹，而且边缘又敞开，它就会反映瞬息万变的天空。水面如果低而暗，它能反映附近的日光照射的物体的影像。如果水很浅，将池底涂黑，就能加强反射性。在炎热酷暑的季节中，在浅水中做嬉水游戏是人们最为愉快的，特别是儿童愿意接近水。所以，水体设置是环境艺术设计中最具有创意的设想。

（2）动态水体。

动态的水能使水体回旋或潺潺而流，像瀑布一样飞流直下，使人通过听觉和视觉，顿然升起一种内心的喜悦和畅快。人工动态水体多鉴于大自然的种种水态，其中尤以

“喷泉”的形式最多，瀑布、水幕、溪流、壁泉等也经常在造园中使用。随着科学技术的不断发展进步，各种形态的水景出现在环境艺术设计中，如漩流、间歇泉以及各色各样的音乐喷泉等，花样繁多，层出不穷，几乎能随心所欲地创造出各种晶莹剔透、绚丽多姿、形态万千的环境水态。

3. 铺装

硬质地面的铺设有助于形成环境场所的视觉特征，并能成为非常实用的活动空间。如成年人的运动（打球、做操、跳舞等）、儿童的游戏（骑车、滑旱冰等），都能使人们在行为中获得对环境的控制权。

（1）天然块材。

石材虽然昂贵，但却是很好的铺地材料，它耐久、美观，加工工艺众多，而且色彩、特性和质感都有很大的选择余地。岩石经常用在造园中，成为非常理想的石材，特别是经过风吹雨淋之后，其表面的纹理，色彩和质地都具有很强的表现力。人们将它们加工成型，成为铺地石、块石板材、岩片等。

（2）人工块材。

① 混凝土块。混凝土块是一种强固耐久、经济实用的材料，它作为现代建筑最主要的材料来源，被普遍地应用。在环境艺术设计中，选用混凝土作为硬质地面的基本材料也是可行的。但是大面积的混凝土看上去不美观，因为它的色调呈浅灰色，会使人感到一种单调和乏味。所以，在使用它时应当改变其形象，可以加进色素等其他材料，使其变得丰富多彩，并且可形成磨光和拉毛的质地效果。

② 地砖。地砖是当前比较流行的造园素材，它品质优良，效果突出，是户外铺地的理想材料，而且色彩、纹理和质地品种很多，能够根据设计要求铺成各种各样的图案和有趣的图形。

（3）泥土。

泥土本身很少被认为适合做成最终的地面，因为易受侵蚀，干燥时有灰尘，潮湿时泥泞。但是，适当地选用仍不失为一种适宜的选择，尤其是将泥土添加沙子，人走在上面柔软而安全，作为儿童游戏的地面材料是最理想不过的。如果将泥土与树林结合，形成一片自然的地貌会使人体验到一种乡间的情趣，从而丰富了环境的艺术氛围，同时，也调节了人的心情，满足了人的不同需求。

4. 建筑小品

建筑小品作为城市外部空间的环境设施，其目的是给人们提供休息、交往的方便，避免不良气候给人们城市生活带来的不便。虽然建筑小品不是城市空间构成的决定要素，但在空间实际使用中给人们带来的方便也是不容忽视的。环境中的座椅、废物箱、广告标志、电话亭、自行车棚、休息亭等，都会为城市环境增色，并起到意想不到的

效果。

（1）实用设施。

① 休息设施。像环境空间中的条凳、座椅、桌子、廊架、亭子等，都是为居民提供良好的休息与交往的场所，使空间真正成为一个“活”的环境。人在其中能够充分地开展娱乐活动，并形成一种可停留的空间场所。

② 方便设施。像电话亭、书报亭、垃圾箱、自行车棚等，都是为人们提供方便的公共服务设施，因此也是城市社会公益事业中不可缺少的部分，同时，也体现了城市环境的文明程度和人情味。

（2）标志设施。

在城市环境中，标识广告牌和地名牌等外部环境图示具有视觉识别的作用和活跃环境氛围的效能。一些标志性设施作为一种符号存在，其意义有直接和间接两个层面：说明商业信息、地点和贸物是其“直接”的用途；而其特定的造型、形式和引申的意象则是人们获取的“间接”的信息。因此，在现代城市中，有许多信息都必须通过专门设计的广告、标识来传达。

（3）环境雕塑。

环境中的雕塑纯粹是为了视觉的象征性而设置的。例如为纪念一位杰出的人物或重要事件而设置的纪念性雕塑，或者为美化城市空间而设置的抽象雕塑。这些扣人心弦、受人喜爱的地标，往往是一种有组织的时间与空间的精神意象。

第四节 环境艺术设计的表现

一、环境之术设计表现技巧的概念

环境艺术设计表现技法，是设计构思的图像化表达过程，其内容包含众多知识，如素描、色彩、构成、透视、材料、结构等。作为设计过程和预期方案的路径与效果，是作者设计能力与水平的体现，也是作者与使用者和施工者之间沟通的桥梁。它既有艺术性的一面，也有实用性的一面，表现技法的优劣直接影响着方案的说服力与竞争力。好的设计方案必须找到一种恰当的表现形式与方法，只有通过一定的反映渠道，才能体现设计的面貌与精神，也只有相应的手段才能道明设计意图，使观者和使用者能够一目了然。因此，有好的想法而不能充分表达则无法传达设计信息，甚至降低了设计质量。

由于计算机的普及，丰富的制图软件和洁净的画面效果对设计行业从业者有一定的吸引力，同时也成为基本功弱、手绘能力欠缺者的无奈选择。计算机的优势是显而易见的，有较强的真实感，易于修改，尤其在透视方面具有准确无误的特点，构图形式可根据摄像机位置随意调整，有极大的灵活性，在平、立、剖面图中更是严谨可靠。这些都是手绘图所不能相比的。

但我们必须认识到优秀的电脑表现也必须有相应的手绘基础，才能增强效果的艺术魅力。否则只能成为古板生硬的形体堆砌，毫无生命可言。手绘能力是一名设计师的必备条件，其优势在于亲切、生动，并有较强的艺术感染力，更易于对设计的交流和研究，便于记录创意构思中的亮点，是在设计中运用最广泛的表现手段。

设计表现图不同于绘画作品，它应具有很强的使用目的，不仅要有个人风格和特点的表露，更要结合设计对象来完成。所以设计表现图不能随心所欲，必须真实地反映设计的内容，无论通过什么手法，其最终目的是一致的，要突出服务性与实用性。

二、环境艺术设计表现技法的内容

设计表现技法的内容包括设计方案中涉及的诸多方面：从内容的定位到表现角度；从构图形式到透视关系；从色彩的搭配到环境的处理；从表现手法到工具的特性；从整体的把握到细节的描绘。技法的表现包括以下内容：

（一）表现技法理论

作为表现技法同样有一定的理论基础知识，它包括对表现技法的认识和理解，对透视和构图知识的掌握，对不同表现工具特点和注意事项的了解，以及在表现中的形式法则和相关理论。

（二）表现技法实践

1. 构思表现与方案展示表现

构思表现包括设计创意表现和方案展示表现，设计创意的表现形式较为随意、自由，是设计师的思维过程记录，可以信手勾画，是自我肯定与否定的磨合与冲撞，多以草图形式呈现。方案展示表现是在确立了设计创意之后，更规范化、更艺术化、更准确化的表达方案形式，展示表现以提升方案为基本原则，在这一前提下，寻求最佳的表现效果，要增强方案的优势与亮点，找到恰当的表现语言与技巧。

2. 表现方法

设计方案构思阶段的表现形式是粗略的、随意的，是设计师个人习惯的产物。其中也分自我记录和交流记录。自我记录甚至是符号式的，也许只有设计师个人看得懂，而交流记录则需有一定的公共识别性，以便于沟通时得到认可。同样的设计方案可以有不同的表现形式，这取决于设计师的好恶和习惯，或是取决于方案内容的特点和性质。各种表现都有其优势和不足，但要考虑哪种方法更能贴近于方案内容。例如，施工图采用计算机制作的 CAD 图会更准确、更具指导意义，而徒手画法则更适用于面对面的交流，具有快捷性与随机性。

展示表现方法则是更规范、更系统的表现，它要运用透视规律、构图法则和对不同工具特性的熟练掌握来完成，这使得展示图与构思图相比要有更强的共识性。设计图是传达信息的载体，个人风格必须在可知的前提下体现，这是与绘画的不同点。

三、环境艺术设计表现技法的要求

设计表现技法具有很强的目的性和实用性，同时也具有一定的艺术性和技术性。目的性和实用性是指表现的内容要有针对性，要反映方案的合理性和科学性，不能纸上谈兵，随意地夸张与不切实际地渲染，单纯地追求表现效果和形式。艺术性和技术性是指表现技法以独特的视角和方法展示出方案的内在和外在品质，以形象化的方式、艺术化的语言，促成方案的信息传达，并能通过专业技能与技巧加以实施。这就要求作者必须更深层次地理解方案的设计动机、设计目的，要具有一定的绘画基本功，具有理性的思维模式，具有过硬的表现技巧，具有完美的传达形式。因此，勤学苦练是每一位设计师的必备素质；善于捕捉，善于发现，善于提炼是通往成功的必经之路；掌握正确的方法是学习的捷径。

四、环境艺术设计表现技法的意义

表现技法是环境艺术设计人员必须掌握的基本功，也是衡量设计师水平与能力的指标之一。不具备一定表现能力的设计师，很难阐明自己的设计意图，也很难与使用者进行沟通。设计表现不仅是确定最终方案的手段，更是设计师自己构思和与同行交流的有效途径。设计表现的形式多样，不同阶段、不同内容、不同工具都会反映不同的内涵，同时也是设计师个人风格与气质的体现。精炼完美的表现有助于展示设计方案的特色与个性，平庸的表现会降低设计方案的原有品质。表现技法不是炫耀的名片，而是科学实用的蓝本。对于环境艺术设计来说，设计表现尤为重要。再好的想法与理念最终都是要表现出来才是有用的。如果表现有误或不得当则很难传达正确的信息，信息的错误会偏离设计的初衷，造成认知的不一致，这一现象在学习中是普遍存在的，也是学生体会最深之处。在学习的每个阶段，均要涉及设计表现问题，因此，表现技法的学习与提高也是综合设计能力提高的体现。

无论是投标、施工指导，还是理论研究，离开方案的表现都将空洞乏味，缺少说服力。可见设计表现在环境艺术设计中的重要地位。设计师之所以不同于工程师，不同于机械师，就在于他能够通过艺术的加工使方案更生动，更容易被人接受，把枯燥的理性知识感性化、趣味化，使概念化的东西视觉化，以直观的视觉冲击力提升设计的品质，把想象空间转化为“真实”空间。

第五章
中国传统文化的基本释义与重要性

第一节 中国传统文化元素的基本释义与组成部分

一、中国传统文化元素的界定

最近几年，中国传统文化得到了进一步的关注和发展。中国传统文化的元素可以归纳为：

第一，中国传统文化的核心是中华民族所体现的内在的精神生活形式，包括价值观念、信仰、审美情趣、思维方式等。

第二，中国传统文化的内容常常体现在物质的外在形态上，它包括人们的日常生活行为，如吃穿住行。

第三，中国传统文化的独特性，是在长期的历史发展过程中逐渐形成的，这种具有鲜明特色的民族文化已经成为多元世界文化的重要组成部分。

中国传统文化的内涵主要概括为三个方面：

其一，中国传统文化的基本思想——刚健有为、和与中、崇德利用、天人协调。《周易》所强调的“自强不息”“厚德载物”，集中体现了中华民族的传统精神；崇尚和谐统一是中国传统文化的最高价值原则。

其二，注重人的内涵表现，看轻客观规律的研究，体现中国传统文化价值导向。

其三，重家族、重血缘的家庭伦理观。

总之，中国传统文化的内涵比较丰富，要想在现代装饰艺术设计中发挥传统文化精华的积极作用，要对传统文化元素进行创造性的发展。

二、中国传统文化元素的组成及合理运用

传统民间艺术是一种创意渠道，但并不是唯一的，包装设计本身就是要求设计者将图案、文字、色彩、编排综合地运用在包装画面上，使其具有一定的逻辑性和展示功

能，并能使人睹物思情。因此不论是何种形式的创作或设计的渠道，都要与本民族的文化艺术结合；与人的情感心灵结合；与市场销售沟通；与消费文化相通。

中国的传统文化来源于生活，根植于广大人民群众的心中。越是现代化，传统文化越是显得珍贵。中国传统文化的魅力依然迷人，但这些在中国历史长河中熠熠生辉的文化，在现代化进程中却正在被边缘化，有的甚至还面临着消亡的危险。如何使民族传统文化从边缘化再回归到主流化或是大众化，传承和发展民族传统文化是根本之策。我们要善于把民族传统文化的设计元素从生活中提取出来，将传统艺术的精髓融入现代设计理念中，在传统文化中加入时代元素。

中华文化博大精深，彰显民族风格的中国传统文化元素在我们国家千年文化的传承之下数不胜数。建筑风格元素，如紫禁城、长城、敦煌、布达拉宫、苏州园林等；服饰风格元素，如丝绸面料、唐装、旗袍、中山装等；文化风格元素，如国画、脸谱、京剧、印章等。其实身边随处可见中国特色的东西，大到一条中国特色的街路、一个广场，小到一个建筑墙上的中国结，路边上高高挂起的大红灯笼都向我们诉说着悠久的传统。中国传统文化元素的提取是一个内容广泛的题目，谈论它的时候不能不有所取舍，本章主要研究的是最能反映中国文化特色而又常常为人们所感兴趣的几个方面：

（一）汉字：表意的方块字

汉字是世界上最古老的文字之一，是从古到今仍在使用的表意文字。它是记录汉语的符号，是承传中华五千年文化的载体。中国人似乎特别长于形象思维，在造字的时候通常采用取象比拟的方式。有的字比较直接，如日、月、山、川、水、火、鸟、鱼等，有的就比较间接，如“集”的形象是三只鸟栖于同一棵树上，寓意为集合。汉字的产生，若从近代发掘出土的古代陶器上的符号算起，迄今已经有四千多年的历史了。现存较早又较多的文字是甲骨文字，距今已三千多年。殷人用龟甲、兽骨占卜，并将占卜的内容用当时的书体刻在甲骨之卜兆旁。甲骨文和公文一样，有一定的格式。内容大概是田猎、风雨、战争、疾病之类。此后还有金文，它是古代铜器上所铸、刻的文字，有篆书、隶书、草书、楷书等。因为汉字的起源和其他古老的文字起源一样，都是起源于图画文字，所以早期的甲骨文中有许多都保留了这些图画文字外貌的形象。

汉字非常富于表现力。前人充分利用汉语汉字的特点来增加所表现的内涵，同时获得审美的乐趣。汉语是世界上词汇最丰富，语调最优美，句式最简洁，表达最生动的语言之一。汉字则是与汉语相适应的古老而富有活力、充满形象色彩的一种文字。汉语汉字既是中国人记录生活和传播知识的工具，又是独具魅力的艺术形式。

（二）服饰：织绣丰富多彩

作为御寒的衣裳，早在黄帝、尧时代就已存在，《易・系辞下》：“黄帝、尧、舜垂衣裳而天下治。”而到了商朝时期，逐渐形成定型化的“深衣”，并且出现了装饰。所谓

“深衣”，就是将原来的上衣和“下裳”的围裙联结起来。这种形式成为我国历代服装的基本特征，直到近代男子的长衫、女子的旗袍以及现在的连衣裙都可以说是深衣的演变和延续。

由于唐代国势兴盛，经济发达，人民生活相对安定祥和，因此，唐代的衣着服饰、织绣追求富贵康宁，奢华安乐，为蟠龙、双凤、麒麟、天马、辟邪、孔雀、仙鹤、芝草、联珠、忍冬、香草等追求吉祥寓意为主的题材。其中突出的纹样世称“陵阳公样”。它是一种对称纹，由初唐时唐高祖、唐太宗派往四川管理制造皇室用物的官员窦师纶创立，常用鸡、羊、凤、麒麟等为题材，动物身上往往系着飘带，对称的两者中间饰以花、树。唐代张彦远《历代名画记》就有“对雉、斗羊、翔凤、游麟之状，创自师纶，至今传之”的记载。唐代服饰的另一个显著纹样是团花，有团龙、团凤、团花枝等。在中国传统文化中，团即圆，为圆满、和气、团结、祥和之意。唐代奠定了中国传统吉祥装饰纹样的基础，对后世影响很大。如宋代以团花为基本单位，在平面上按“米”字或“井”字结构作规则的散点排列，在织绣上应用。另一种成为定型的所谓“喜相逢”为圆形，其构成是由太极图演变而来，把圆形分成两个或两个以上双数成阴阳交合的两极，形成相反相成、有无相生的变化而统一的形象。清朝补服，也叫“补褂”，为无领、对襟，其长度比袍短、比褂长，前后各缀有一块补子。清朝补子比明朝略小，是清朝主要的一种官服，穿着的场所和时间也较多。凡补服都为石青色。方形补子所绣的纹样不同是区分官职品级的主要标志。文官绣飞禽，武官绣猛兽。

（三）吉祥图：传统图案

我们知道，中国是世界文明的发源地之一，有着悠久的历史和深厚的文化积淀。中国传统吉祥图案便是这当中最美、最绚烂的一部分。在漫长的岁月里，我们的祖先创造了许多令人向往、追求美好生活、寓意吉祥的图案。纵观中国传统吉祥图案的发展史，其源于原始人文、始于商周，高速发展于宋元，到明清时期达到高峰。在各个时期吉祥图案都有其相对的局限性，但其发展的脚步始终未曾停歇。直至今日，传统吉祥图案仍具有极强的生命力。吉祥意识、吉祥文化已深深地植入中国人的生活中，以至于具有凡物皆可为吉祥的特点。吉祥对于中国人而言，就像水之于鱼、天空之于鸟、空气之于人。

因此，了解了吉祥文化，也就了解了中国文化、中国人很重要的一面。中华民族是一个重感性、重形象、重内涵的民族，在思想、感情、意图的表达上习惯于借用一定的形象或象征性的示意来婉转地、间接地表露。思维的过程也是通过意象的类比联想来实现的。这种象征性的表情达意的方式给一定语境中的形象赋予了比具象和字面更深刻、更丰富得多的内容。图案是一种具有装饰和实用性的美术形式。而吉祥图案是一种在民间广泛流传的，我们祖先向往、追求美好生活而创造出来的一种艺术形式，它完美地将吉祥语和图案结合并统一起来，代表着传统的民风民俗。

有专家认为：从古至今，人们对美好事物和前景的追求，是吉祥文化永恒的主题。

第一是文字吉祥。吉祥文字就是表示美好的文字。古人云，所谓“吉者，福善之事；祥者，嘉庆之征”。《说文解字》中说：“吉，善也”；“祥，福也。”说白了，吉祥就是好兆头，就是凡事顺心、如意、美满。比如，福祺、寿考、富贵、康宁、龙凤等文字。就单字讲，“福”是吉祥意义最丰富、最淳厚、最集中、最典型的字之一，包含有幸福、福气、福运等意义。福之所至，小到个体，大到人类。《礼记·祭统》中说：“福者，备也。备者，百顺之名也。无所不顺者，谓之备。”吉祥符号、吉祥物、吉祥图案就是人类创造出来的借以传达心声的道具。

第二是数字吉祥。在中国文化中，数字不仅仅表示多少，同时隐含着吉祥。吉祥数字也不只人们常说的“三、六、九”和“八”，从一到十、百、千、万，数字都有吉祥含义。比如一帆风顺、二龙腾飞、三阳开泰、四季平安、五福临门、六六大顺、七星高照、八方来财、九九同心、十全十美、百事亨通、千事顺遂、万事如意等。有偶数吉祥，也有奇数吉祥；有大数吉祥，也有小数吉祥；有引申义吉祥，也有谐音吉祥。

第三是生肖吉祥。十二生肖都是动物，但在中国民俗文化中被赋予了特别的意义。子鼠、丑牛、寅虎、卯兔、辰龙、巳蛇、午马、未羊、申猴、酉鸡、戌狗、亥猪，全是吉祥的寓意。如羊，儒雅温和，温柔多情，自古便与中国先民朝夕相处，深受人们喜爱。甲骨文中的“美”字，即呈头顶大角之羊形，是美好的象征。猴是自然界中最接近人类的动物，人类对猴子有一种特殊的亲近感，还因为猴与“侯”同音，猴便成了象征升迁的吉祥物。

第四是灵异吉祥。“麟、凤、龟、龙，谓之四灵。”这四者千百年来成为中国人生活中恒定认同的吉祥物。麟指麒麟，称为仁兽龙，凤指凤凰，为百鸟之王。麟、凤、龙，都是按中国人的思维方式复合构思所创造的虚拟动物。如龙，《尔雅·翼》中讲其“角似鹿，头似驼，眼似兔，颈似蛇，腹似蜃，鳞似鱼，爪似鹰，掌似虎，耳似牛”。

第五是动物吉祥。飞禽走兽，游鱼爬虫，被人们赋予吉祥意义的动物应有尽有。如禽类中的仙鹤、喜鹊、鸳鸯、鸽子等；兽类中的瑞鹿、雄狮、猛虎、奔马、大象、灵猫等；鱼类中的鲤鱼、比目鱼等，虫类中的蝴蝶、蜘蛛等，都是吉祥动物。以动物表示吉祥，可单体也可复合。如龟称“万年”，鹤称“千代”，龟鹤合一就构成了一幅龟鹤齐龄，象征延寿吉祥的图案。

第六是时节吉祥。中国的时节很多，时节吉祥，蔚为大观。以春节为例，这是中华民族重要的节日，有着悠久的历史与丰富的吉祥文化内涵。与春节有关的吉祥行为、语言、文字等不胜枚举。单从民俗角度讲，祭灶、扫尘、贴春联春条吉字、垒旺火、守岁、压岁钱、放爆竹、拜年等，无不充满喜庆吉祥。

第七是行为吉祥。在庆典、婚嫁、生育、开业、奠基、纪念等活动中，在人们大部分的工作生活交往行为中，都有吉祥文化的渗透与影响。

第八是植物吉祥。被人们赋予吉祥意义的植物，有花草有树木有果实，它们多以组合图案构成吉祥意义。如“天地长春”多用天竹、南瓜、长春花来寓意。杞菊延年的吉祥图，画的是菊花和枸杞。槐象征长寿，红豆象征思念，栗象征立子，石榴象征多子多福，橘象征大吉，佛手象征幸福，芙蓉象征荣华富贵等。

正是由于图案的吉祥含义表达了人们对美好理想的向往和追求，因而这些图案被应用在现代生活的各个方面，尤以在染织、地毯、陶瓷、雕刻、建筑、首饰等工艺美术用品和喜庆场合应用更为广泛。吉祥图案的社会影响和实际应用，是其他美术类别所不能取代的。吉祥图案是我国传统艺术的一颗璀璨的明珠，已日益引起世界美学、民俗学的瞩目。

（四）民间艺术：包罗万象

我国的民间艺术到底有多少种，谁也说不清楚。吉祥喜庆的大红剪纸、精巧细致的蛋壳雕、别出心裁的甲骨彩绘、灵韵别致的泥塑、金碧辉煌的铜刻、清新简洁的蓝印花布，以及年画、木偶、戏剧脸谱和道具、玩具、服饰、传统市招（广告）以及工艺美术相互交叉的诸多品种……除了这些物质化形式展现的民间艺术，非物质文化遗产就更多种多样了。民间艺术在漫长的发展过程中，无意识地成为传承历史的重要载体。像南通的蓝印花布、贵州蜡染，本身就是印染工艺的“活化石”，在科技、文化、民俗、美术史的研究方面有着重要价值。

民间艺术是人民大众各种文化生活的载体，如岁时节庆，婚礼寿诞、社火庙会等都离不开民间艺术。这些都说明，民间艺术的存在依附于两大社会功能，一是驱邪辟秽，祈福迎祥，二是反映人民大众自己的生存生活和生产状态。其表现形式如挂年画、剪窗花、剪纸、贴虎符、演百戏、跳傩舞等，其本质都是人民大众表达自己对祥和安康、喜庆欢乐、美满幸福的生活的追求。

剪纸是中国最为流行的民间艺术之一，是中国最普及的民间传统装饰艺术之一。剪纸艺术，通过一把剪刀、一张纸就可以表达生活中的各种喜怒哀乐，在简洁明了的构图和造型中展现创作者的思想感情。剪纸艺术一般都有象征意义，如剪纸《喜娃》，它由喜鹊、双喜、牡丹等元素组成，喜娃是流行于我国西北地区的墨髻娃娃，纹样反映的也是一种生殖崇拜。

现在，剪纸更多的是用于装饰。剪纸可用于点缀墙壁、门窗、房柱、镜子、灯和灯笼等，也可为礼品作点缀之用，甚至剪纸本身也可作为礼物赠送他人。人们还常用剪纸作绣花和喷漆艺术的模型……在中国民间配饰中，有一种绳结佩寓意深刻，源远流长，绚丽多彩。在我国民俗工艺中占有很重要的地位，被现代人称为“中国结”。由于年代久远，漫长的文化沉淀使得中国结渗透着中华民族特有的、纯粹的文化精髓，富含丰富的文化底蕴。“绳”与“神”谐音，中国文化在形成阶段，曾经崇拜过绳子。女娲引绳在泥中，举以为人。“结”字也是一个表示力量、和谐，充满情感的字眼，无论是结合、结交、结缘、团结、结果，还是结发夫妻，永结同心，“结”给人一种团结、亲密、温馨的美感，“结”与“吉”谐音，“吉”有着丰富多彩的内容，福、禄、寿、喜、财、安、康无一不属于吉的范畴。“吉”就是人类永恒的追求主题，“绳结”这种具有生命力的民间技艺也就自然作为中国传统文化的精髓流传至今。中国结不仅具有造型、色彩之美，而且皆因其形意而得名，如盘长结、蝴蝶结、双线结等。

街头巷尾，我们常常会看见时髦的女孩身着传统的中式衣服，精致的盘扣、织锦的质地，让人一望之下，隐约品到了远古的神秘与东方的灵秀。北京奥运会申办会徽由奥运五环色构成，形似中国传统民间工艺品“中国结”，又似一个打太极拳的人形。图案如行云流水，和谐生动，充满运动感，象征世界人民团结、协作、交流、发展，携手共创新世纪，表达了奥林匹克更快、更高、更强的体育精神。

民间艺术还有很多，在这里就不一一列举了。在现代设计中如何应用这些代表中国的传统元素，让民间艺术能够得到广泛的推广，成为人们现代生活中的一部分，这是摆在广大艺术设计者面前的一项重要课题。随着物质生活的提高和艺术鉴赏水平的提高，人们已不满足于一般意义上的物质占有，而是追求高层次的艺术享受，对同一类产品，外观造型设计更具艺术性的将首先被消费者所青睐，而现代人的购物心理多以追求与众不同的产品为首选，特别是那些具有独特艺术魅力和传统艺术特色的产品更能引起消费者的共鸣。

三、中国传统文化元素的识别性建立

虽然当今时代是一个高度现代化、信息化的社会，新材料、新技术的不断涌现使我们目不暇接，随之而来的新思潮、新观念对中国的传统文化艺术带来了前所未有的冲击，现代生活方式的全球化进程要求设计师具备了解不同文化的渊博知识。传统的审美意念和传统的设计元素也一直在起着非常大的作用，传统与时尚结合给人以民族化的感觉。传统通过时尚得以继续流传，时尚通过注入传统而增添文化底蕴和厚重感，增强其生命周期的可延续性。“美感，在一种直接的感受里面包含着大量的时代的社会的因素。”在现代艺术设计的领域要创新，除了从本民族的文化本源中寻找代表性形态语言元素以外，还必须与现代科学精神理念结合，才能产生精神的飞跃。艺术创新源于传统与现代、东方与西方的文明互相碰撞、相互交融、相互影响，才有可能产生质变。

中国传统元素的运用方法：

方法一：移花接木。

中国传统元素形态各异，古趣拙朴，是中华民族在各个不同时期社会生活的形象诠释，同时也如实反映出了人们在不同时期的审美旨趣，是传统文化的典型代表，是时代的代表特征。这一类的元素一出现，立刻能把人们的思绪引到其对应的特定的时期、特定的环境或特定的事件上，因此，这类元素在使用时可以不改变，只是给它寻找一个恰当的使用环境即可。如博物馆的墙面装饰图案等，就是移花接木手法的巧妙运用。

方法二：得意忘形。

如何以现代审美的全新视点去重新审视传统文化，要在充分理解传统文化的基础上延其“意”、传其“神”，让传统文化在现代设计中得到更新和拓展。一根线条在西方人眼中被理解成一个点在平面或空间中的运动轨迹，乃至解析几何中的一个方程式所界定的点的集合，线条无宽度也无厚度。而对于中国传统而言，线条不仅有宽度，有厚度，还有方向，甚至能表现出速度和力量，对于线条的理解完全基于主观感受。我们可以借助图案本身所特有的持久性和广泛影响力，促进东西方文化之间的对话与互动。如太极的理念就常常为设计师们所借鉴，它在强调动感、和谐的形式美的同时，蕴涵着变化统一、收放自如的哲学理念。

方法三：形神并举。

许多为世界认同又具有鲜明民族特色和文化内涵的作品，都从传统图案中获得灵感，假如脱离了传统这片沃土，中国文化融入现代设计的难度就会加大。如中国香港凤凰卫视的台标就成功地借鉴了中国传统的凤凰纹样，并采用中国特有的“喜相逢”的结构形式，一凤一凰振翅高飞，铿锵和鸣，将媒体的特点，以及品牌立意高远的王者精神表达得淋漓尽致，用两只飞翔盘旋的凤凰形象代表两种不同文化的互补和交融，体现了融汇东西、荟萃南北的文化观念，具有明显的华夏文明的烙印。形在融神中出现，神在变形中提升。

第二节 中国传统文化元素与现代文化的融合

一、中国传统文化元素融入现代产品设计的方式

全球经济、文化的一体化进程，使设计形成了全球化语境。产品设计的发展随着技术文化和全球市场化的扩展，正呈现一种国际文化风格。在这个高科技的社会里，人们越来越追求简洁、通用的交流界面，这使得世界各地区固有的地域文化或多或少地消减了。

民族的文化都是世界文化不可分割的一部分。

每一个国家所处的地理环境、气候、文化传统、风俗习惯、社会经济都不尽相同，从而出现了不同国家的民族风格，这些斑斓的风格，是被区分的标识，也是深刻的文化烙印，是人们心灵深处的一种“记忆”。正是这种记忆，与产品中心理、社会、文化的

脉络相连，赋予产品功能性以外的人文价值。因此，在现代设计中融入民族风格是提高民族认同、提升产品竞争力的重要手段。

中国作为世界四大文明古国之一，拥有着五千年的悠久历史。优秀传统文化是一个国家、也是一个民族的至宝，它诉说着本民族的悠久历史，告诉我们本国的文化精髓，吸引我们学习，并被运用到我们现代的生活中来。

（一）产品是文化的载体

人与人之间的交流是通过语言来沟通的，物与人之间的交流是通过物的功能和形式来传达的。人们在创造产品功能的同时，就赋予了它一定的形态。

而形态可以表达出一定的性格，就如同它从此有了生命力。

艺术的审美过程是一个由表及里、由浅入深的思维过程。具体地说，是先从知觉的印象到形象的分析，再到内在精神的感悟，然后在心灵上获得审美的愉悦。设计是科学与艺术的融合，产品的形态是设计的可视语言，是设计师与使用者之间交流的工具，设计师运用形态语言完成其思想、情感的表达以及功能、信息的传递。产品因设计而提高了它存在的意义，同时也使它具有某种其他意义。从根本上说，当代设计就是各种文化在具体设计作品中的凝结和物化。设计不是简单的造物，乃是创造出演绎时代、民族的文化根性，孕育着人的丰富情感以及具有强大功能性、审美性、经济性的和谐整体。在全球化语境中，对民族传统我们要在继承中回归，在融合中创造，要在现代设计与传统设计语汇中找到一个合理的契合点，将传统艺术的精髓融入现代设计理念中，让产品承载着它走向世界。

（二）中国传统文化元素与现代产品设计的融合

经济的全球化，必然带来不同文化的冲击与磨合。不管是西学东鉴，还是东学西鉴，不同文化在寻求相互认同的同时，仍然保留了各自的特色。在全球化语境下，民族风格要恰当地融入现代产品设计中，就要努力寻求各种融合方法。

中国现代设计要对中国传统文化有深刻的感觉和理解，才能将其以各种恰当的形式融入设计中去。中国传统元素与现代的简洁风格混合搭配的“新中式”风格悄然流行。全球性的复古风尚与传统文化回归的潮流使建筑设计、平面设计、服装设计、产品设计等众多领域都受到影响。在产品的外观设计中加入传统元素，利用现代科技手段与“新中式”的时尚特质进行融合会是一个设计亮点。

1. 传统文化元素以形式化的方式融入现代产品设计

提到传统文化，我们很自然会想到中国特有的一些东西，如闻名世界的中国瓷器、国画、敦煌壁画、龙、唐装、书法等。将传统文化的形式元素结合到现代产品的设计中，这是设计现代产品常用的一种手法。但传统文化以形式化的方式融入现代设计，并不是简单的图案套用或拷贝等一成不变的沿用方式，而是去认识和了解传统图案，并在此基础上，逐步挖掘、变化和改造传统图案，并与外来元素完美融合，既能相融又不会失去原本的特色，让传统图案成为设计的一个新的创意点和启示点。

2. 传统文化元素以符号化的方式融入现代产品设计

在中国传统文化中，吉祥图在中国优秀传统图案中占有很大比重，吉祥图是中华民族历史文化宝库中一笔珍贵的精神财富，是我们引以为傲的古代文明。中国吉祥文化是东方文化的一处独特景观。随着中国国力的增强，世界范围内对中国文化重新燃起了兴趣，无论是服饰，还是电子产品，抑或是建筑等领域，都刮起了“中国风”。特别是对潮流极为敏感的时尚界，中国元素在产品设计中的运用令人眼前一亮，也进一步展现了传统元素与现代时尚结合的独特艺术魅力。以龙纹在产品设计中的运用为例：龙作为中华民族的崇拜图腾之一，受到人们的普遍重视。某品牌曾将龙纹应用在足球相关产品的设计上——龙靴，某品牌设计师在谈到这一设计理念时表示龙凝聚着中华文化，是团结包容、同舟共济的象征。“龙靴”是为贝克汉姆设计的新一代个人专属足球靴，其特别之处在于：鞋身设计融入“龙形”图案，仿佛奔驰在绿茵场上的银色“蛟龙”。龙靴以银色为主色调，鞋面两侧绘制的中国龙图案，使得整双鞋充满浓郁的民族色彩。

二、传统文化元素与现代设计的融合方法

何为设计？设计不是一种个人行为，作为文化大概念的一个有机组成部分，设计体现历史积淀下的人类文化心理和当今社会的文化状况。设计作为一门对主客观世界反映、综合、提炼、凝结、升华的科学体系，面对除其自身以外所产生的一切迅猛变化，不仅因为外力的作用而使现代设计的发展过程呈现出一种复杂的状态，而且经过这种方式，不断增强了其从内涵到外延在建设、发展、变革等方面的时效性和紧迫性，并使之在变革过程中的任务与目的得到确定与加强。中国传统文化主要体现在精神层面和思想观念上，属于精神文化现象，而设计是物质形态的创造，属于物质文化现象，两者相互渗透、相互影响。先秦典籍《易经·系辞》曰：“形而上者谓之道，形而下者谓之器。”“器”是人类通过物化设计思维创造的一种文化载体，它是有形的、具象的物质，是文化传承的具体体现。同时，文化也创造了设计，使设计成为社会文化的缩影，并使“器”上升为“道”，形成一种相对有形物体的无形的、抽象的精神观念。以文化为本位，以生活为基础是现代主义设计的准确定位。

人类走向共存的道路并不平坦，多元文化的冲突、碰撞、融合，使得民族性与全球化成为当代设计面临的两大课题，设计的民族认同也受到了人们愈来愈强烈的重视，对传统文化如何走向现代设计也给予了前所未有的关注。传统文化与现代设计的交融也更加多元化。

（一）多向立交多元共存

在现代化背景下，设计形成了全球化语境，迎来了一个多元共生的新设计思潮。在

经济与文化越来越全球化的信息时代里，传承和发扬优秀民族文化，提倡本土语言在现代设计中的应用，是时代的消费需求和文化趋势。典型案例是有着“中国特色的红条幅”之称的北京香山饭店。该建筑吸收中国园林建筑特点，对轴线、空间序列及庭园的处理都显示了建筑师良好的中国古典建筑修养。

（二）“鸡尾酒式”的多层互渗

“不接触文化问题，我们可能始终只能在视觉审美上兜圈子，人们发现，决定艺术影响力的最终是文化而不是形式语言。”于是，人们开始强调对传统文化的再理解，对历史积淀式地接受，即重新创造。如装修设计中的“古木新做”，就是对古木做透彻的领会并赋予新做的意蕴，即对老材料进行了创造性的运用，又对怀旧情绪进行了诠释，这就是“鸡尾酒式”的多层互渗。新中式风格装修的流行就是对逝去岁月的一种追忆、对传统的向往、对古老的怀念。

“新中式”风格是在后现代建筑基础之上适用于现代居住理念的中国风格，是中国传统风格文化意义在当前时代背景下的演绎，是对中国当代文化充分理解基础上的当代设计。“新中式”装饰风格的住宅，空间装饰多采用简洁、硬朗的直线条，直线装饰在空间中的使用，不仅反映出现代人追求简单生活的居住要求，还迎合了中式家具追求内敛、质朴的设计风格，使“新中式”更加实用、更富现代感。“新中式”风格的家具搭配以古典家具或现代家具与古典家具相结合为主。中国古典家具以明清家具为代表，在“新中式”风格家具配饰上多以线条简练的明式家具为主。“新中式”风格不是纯粹的元素堆砌，而是通过对传统文化的认识，将现代元素和传统元素结合在一起，以现代人的审美需求来打造富有传统韵味的事物，是让传统艺术的脉络传承下去的具有中国特色的中国风格。回归“中国情”并不是复古，而是融合。融合是在继承优秀传统文化的基础上创新，是吐故纳新，是兼收并蓄，是对各种优秀文化观念的吸收和统一，是将传统与现代结合在一起。在设计中如果不遵循国际标准及现代普遍的审美趣味，就不会有广泛的市场，就无法生存。如果抛弃本民族的深厚传统，就会失去设计形成的根基。

（三）“盐糖水式”的融合无痕

意会于心，了然无痕。当传统文化以意境的方式体现在现代设计中时，就如盐糖溶于水般了然无痕。意境是中国传统美学的核心范畴，并常被运用到艺术形式之中。中国艺术的意境理论，是一种超象审美理论。所谓“抽象继承”，一是指把传统的设计哲学、设计理论加以发展，运用到现实设计中来；二是指把传统形象中最有特色的部分提取出来，经过抽象、集中提高，作为母题，蕴以新意，以启发当前的设计创作。既求神似，也并不排斥某种程度的形似。

许多国家和地区的设计已经开始了对民族的、人性的、文化的和历史的认真反思，试图从民族性审美切入，从历史传统中汲取养分，寻求艺术及美学的根基，以强调各自的民族认同。

中国传统文化博大精深，积淀深厚，独具风采，中国传统的哲学理念对世界的影响也很深远。尤其是在全球化进程中，中国设计已被置入西方的设计文化格局，无论是设计方法、设计教育、设计思想还是设计话语都深受全球化的影响，人们纷纷呼吁要倡导“中国情”，要回归“人本主义”，要寻找“中国元素”，在对传统的尊重中体现了对民族文化的自信。文化是人创造出来的，也是能够为设计所用的，设计师了解人、把握文化，也是为了创造出优秀的设计。

在艺术和设计领域，由于国外各种新思潮的涌入和渗透，动摇着我们固有的价值观与审美观。因此，如何认识优秀传统文化与现代设计的关系，使其在现代设计中的应用更为广泛和深入，是新一代设计师们所面临的课题。五千年的文化底蕴，使中国这个“大品牌”有着永恒、智慧、神秘、工艺精湛以及无与伦比的创造力。新时代赋予我们新观念和新技术，优秀传统文化至今仍充盈着旺盛生命力和独具一格的艺术魅力。对于设计而言，不管是形而上的设计思想，还是形而下的设计元素，都是中国文化精髓中的沧海一粟。要建立多元互补的设计构想，这样不但增强了文化厚重感，而且有助于设计理念的延伸和视觉感染力的增强。

第三节 中国传统文化元素在设计中的重要作用

人类所创造的世界是一个文化的世界。文化是协调人与自然、人与人以及人与社会关系的媒介。设计作为物质生产的前提，使人类的生产活动依据人的自觉目的来进行。设计活动是一种综合性创造，它要把社会的、经济的和文化的进步有机地结合起来，凝结在物质形态的产品之中。产品设计作为技术与艺术的结合，它要以科技即智能文化为基础、以一定价值观的观念文化为导向，以艺术作为形式创造的手段，为人们的生活方式提供物质依托。艺术设计的实质是一种文化创造，因此，从文化概念入手，才能掌握产品设计的文化内涵，从而使设计的产品具有足够的文化品位和审美内涵。

一、传统文化元素界定及其表现

在日益国际化、全球化的今天，民族传统文化的重要性正逐渐凸显，特别是在包装设计领域中，对民族传统文化元素的运用成了区别性设计的表现手法。包装设计在实现产品保护、促进销售等功能的同时，还担负着设计文化的创造和传播的重任。

（一）中国传统文化元素概述

中国传统文化元素主要是指在中华民族长期的发展过程中逐渐形成的如书法、篆刻、印章、刺绣、陶瓷、风筝、剪纸、筷子、道教、儒教等具有中国特质的一切物质与精神文化成果，它凝聚和反映了中华民族的文化精神。中国传统的文化元素具有以下特点：

1. 多样性

中国传统文化元素形式多样，既包括物质层面的，也包括精神层面的。物质层面包括如书法、篆刻、印章、陶瓷等表现为物质形态的东西，精神层面的包括中华民族在漫长的历史时期所形成的思想意识、道德观念、价值体系、民俗习惯等。

2. 历史性

中国传统文化元素是在长期的历史演变过程中逐渐形成的，是中华民族在认识自然和改造自然的实践中智慧的积累，具有一以贯之的脉络，体现着独特并富有魅力的民族传统和精神，因而具有明显的历史性。

3. 发展性

中国传统文化元素是中国传统文化的具体体现，是中华民族的宝贵财富，其内涵丰富，是其他任何艺术形式都难以替代的。但是，中国传统文化元素在保持其稳定性的同时，随着时代的发展，被赋予了一些新的内涵，使其更富有时代的特色，从而得以传承和发展。

中国优秀传统文化源远流长，内容博大精深，一切中国传统文化元素皆可用于包装艺术设计当中。书法的洒脱大气、水墨画的清新淡雅、传统纹样的匀称韵律等都已成为许多钟情于中国传统文化的设计师在包装设计中运用的经典元素。但在运用传统文化元素时，设计者必须在充分理解传统文化的基础上，对其进行提取、归纳，形成具有丰富内涵的视觉符号、图形图案，最终与产品巧妙地结合。然而，当今的许多包装设计，为了实现差异化，试图借助传统文化元素的运用来摆脱庸俗之感，提高艺术设计境界，却陷入了将许多传统文化元素简单地、表面化地拼凑在一起的误区。许多设计者在利用传统文化元素进行包装设计时，只是简单地提取传统纹样图案的局部，或仅仅对传统文化元素进行简单的模仿和挪取，并未将所运用的传统文化元素的深层内涵与产品本身的特征有机融合。成功应用中国传统文化元素进行包装设计，对传统文化元素进行合理恰当的提炼和整合，必须建立在对其充分认同和理解的基础之上，不仅要取其形，更要延其意、传其神，使产品包装既具有传统文化的神韵，又具有现代设计的韵味。

（二）中国传统文化元素的应用表现

1. 中国传统吉祥色彩的应用表现

色彩是因光的反射和折射而产生的科学现象，但对于人类而言，却是一种视知觉现象。人们根据其所处的社会生活环境、长期积累的文化知识、视觉经验等对色彩产生丰富的心理感受，而不同的色彩会给人带来不一样的感受。不同的性别、年龄、民族和国家的人对于色彩含义的理解也不同，人们因自己的生活环境、文化素养等的不同在生理和心理上对色彩产生不同的感知和联想。

在中国，颜色有着丰富的文化内涵。东汉经学家刘熙所著《释名》（卷四）中就有记载："青，生也，象物生时之色也。赤，赫也，太阳之色也。黄，晃也，犹晃晃象日光色也。白，启也，如冰启时之色也。黑，晦也，如晦暝之色也。"人们从自然物象的百色中发现了青、赤、黄、白、黑这五种基本色相，并认为这五色与人们的生产、生活有着密切的关系，遂称此五色为"正色"，并赋予了其相应的意义。因此设计师可利用色彩的丰富内涵和强烈的感染力进行设计与创作。

红色在中国代表着喜庆和激情，被称为中国红。中国红因其鲜艳的色泽、吉祥的寓意被广泛地应用在生活的方方面面，如：肚兜、印章、本命年腰带、灯笼、春联等，红色深受中国人的喜爱，表达了中国人热情、朴实、向往美好生活的民族心理。通常情况下，人们对暖色系的颜色要比对冷色系的颜色记忆更持久，对高纯度的色彩比复杂的色彩印象更深刻。而红色正属于暖色系，具有很高的纯度与显眼的色泽，因此在设计中可结合产品形象将红色运用在包装的整体或局部，达到以色夺人、吸引消费者、促进销售的目的。比如某氨基酸口服液的包装设计就主要运用了红、黄两个暖色系，设计师充分考虑了产品用户群——老年人的生理和心理特征，因为明快强烈的色彩能给他们带来愉快、温暖的感受，所以在设计中运用这种色彩可满足老年人的情感诉求。此外，由于红色为中华民族的喜庆色，黄色为"帝王之色"，同时又象征着光明，在中国人心中具有尊贵的地位，因此，这款产品的包装设计融入了中国传统的喜庆和皇权色系元素，是一个成功运用传统色彩的经典包装案例。色彩是使产品脱颖而出的重要手段，是打开消费者心灵深处的钥匙。因此，设计师不仅要准确理解各种色彩的丰富含义和视知觉感受，还要把握好产品属性与包装色彩的关系，才能将色彩的运用与产品形象、设计构图等有机结合，才能凸显色彩的个性与情感，从而对消费者产生积极的心理作用。

2. 陶瓷艺术的应用表现

早在新石器时代，中国古人就开始制作陶器，用来盛水和储存食物，陶器的运用已经具备了包装的一些基本功能，可以说是最早的包装容器。随着青铜器、纸、瓷器等的出现，这些材料也被陆续作为物品的包装进行使用。在封建社会后期，我国经济、科技长期处于落后状态，包装技术与理念也没有得到发展，在这样的背景下，包装的风格以实用为主，力求简单、经济，陶瓷更多的是作为一种艺术品而存在。如最具代表性的青花瓷器，起始于唐宋，成熟于元代，兴盛于明、清两代，其装饰纹样十分丰富，常见的有石榴、缠枝牡丹、回纹、仕女戏婴、八仙过海等，这些纹样都有着平安、吉祥的寓意。这些吉祥纹样加上清丽的青蓝色调和细致的描绘，构成了青花瓷清新淡雅又不失高贵的风格，给人以丰富但不烦琐、简洁却不简单的视觉感受。

现代包装设计师在运用陶瓷艺术元素进行设计创作时，不能只是简单地复古，对中

国古代的陶瓷艺术元素进行简单的堆砌套用，而要在准确把握其文化内涵的基础上，充分利用其材质的优良特征进行再创作。将优秀传统的文化内涵渗透到现代包装设计之中，既能传达传统艺术的神韵，又能表现时代精神，使传统文化的特质和理念完好地渗入到现代商业文化之中，使现代包装达到内容与形式的统一，历史性与时代性的统一。比如某系列酒的包装设计就是利用陶瓷艺术进行产品包装设计的成功案例。该设计充分利用了陶瓷材质的优良特征：不易渗透，密封性能好，能避免酒的挥发；透气性能好，在陈酿过程中对酒具有催陈效果；导热性能低，能够保持适当的酒温，利于白酒的长期储存。同时，该包装还借鉴了中国传统书法元素进行品牌字体设计，使其呈现出造型典雅、古朴大方的特点。这样的设计，不仅能够传承优秀传统文化，还能提升企业的品牌形象，从而使企业赢得较好的经济效益。产品包装设计在造型、装潢美观的同时还要注重其功能性的要求，因为包装设计的“美”不仅是指其外表、造型要美观，而且它要服务于产品，即产品的包装设计必须在满足包装的实用性、功能性需求的基础上进行。从这个意义上说，某系列酒的包装设计就是将艺术审美与功能诉求紧密结合的经典案例。

3. 中国传统吉祥纹样的应用表现

中国传统的图案与纹样常以各种不同的形式出现在家具、器物、服装等的装饰设计中。这些图案与纹样大多整体轮廓简洁明了，其空间结构多呈圆形、扇形、菱形，图形内部饱满丰富，往往通过对称、重复等手法进行设计，从而使图案与纹样表现出秩序感和韵律感。传统图案本身就具有一定的视觉传播功能，比如民间剪纸，采用寓意或谐音来传达人们的主观情感和审美情趣。因此，这些图案与纹样不仅装饰了物品，使其外观美丽，而且还反映了古人的一种人生观、文化观。

对于传统纹样图案的运用不能仅仅局限于对其形式的模仿和套用，忽略产品理念与形象的传达，而是要将传统图案转化为新的视觉形式，从而使产品和包装设计形成一个由内而外的有机整体。在对传统图案与纹样的运用探索中，可进行新的创新组合，这样往往可以产生出人意料的效果。将传统纹样与现代产品相结合，赋予传统图案与纹样以新的色彩，或对传统图案与纹样进行解构，给人以焕然一新的感受。

4. 雕刻艺术的应用表现

雕刻是中华民族一门古老的技艺，如牙雕、木雕、根雕、石雕等在中国都有着悠久的历史，它是中国工艺美术中珍贵的艺术遗产，广泛地流传于民间，具有浓厚的乡土气息。雕刻与包装造型设计同属于立体的造型艺术，因此两者有着千丝万缕的联系。与雕刻艺术一样，现代包装设计在注重视觉美观的同时也非常注重触觉上、空间上的感受。

随着人们精神和审美要求的不断提高，包装造型设计也由具象转向了抽象，那些具有雕刻美感的包装产品备受青睐。雕刻艺术中所特有的凹凸感、雕镂感、空间感使得包装造型变得更加丰富与立体，更具层次感和光影感，更富有变化性和趣味性。雕刻可赋予包装丰富的表现力和艺术感染力，给人以无尽的想象空间。雕刻造型可用于包装造型的整体或局部，通过点线面的变化充分表现出造型的美感，给人以触觉感和视觉质感，使包装显得更加华丽、典雅。例如获得第 30 届“莫比”包装设计奖和最高成就奖的中国四川某白酒的包装设计。该款包装的内部设计分为瓶身和基座两个部分，酒瓶基座为木质结构，以青花瓷片为内底，可做烟灰缸使用，整体造型宛如一个雕刻而成的玉玺，显得典雅高贵。瓶身整体通透，底部凹凸，折射出基座内底的纹样，尽显白酒的品质。从整体上看，该设计结合了视觉、嗅觉与味觉的感官美学理念，是传统雕刻艺术与现代文明的经典结合。

5. 中国元素与纺织服装设计

中国元素是中国服饰文化的精髓，所包括的内容有款式造型、纹样、编织、缝制工艺等几个方面，因其具有浓郁的民俗色彩、独特的服饰语言、丰富的社会文化内涵而常被国内外服装设计师所运用。中国元素产生的历史背景、发展过程以及在现代服装设计中的运用，都时时刻刻地向世人展示着优秀文化传统和道德风范，体现着中西合璧文化交流的博大胸怀，闪烁着人文主义的光辉。

传统纺织服装是中国文化艺术千百年来沉淀和发展的结果，具有鲜明的民族特色，并形成了各种具有典型文化内涵的图案和纹饰，其形式多样，题材广泛，富有韵味。

商代是最早有反映服饰图案的文字记载的朝代。图案的装饰主要表现在服装的领口、袖口、前襟、下摆、裤角等边缘处及腰带上，表现形式主要是规则的回龟纹、菱形纹、云雷纹，而且是以二方连续构图形式来表现的。二方连续构图是图案设计中的一种基本形式，这表明当时人们已经能够在服饰上巧妙地运用设计技巧。云雷纹装饰主题出现在服装上，是采用了二方连续的构图形式，注重图案的工整，并强调了造型的规律美。由于云雷纹装饰是为主题需要服务的，所以其逐渐由单个母体（s）发展成为一个单位纹样与另一个单位纹样的连续组合，即多个子体，同时又加进了主观意识进行夸张。这种类似放倒的“s”形，也是 s 形的转折，它对以后图案组织的形成产生了重要的直接的影响。

中国历代的服饰色彩，黄色始终象征着中央权力，是帝王家族的专用色彩，而红与紫则是权贵们的服色。而在汉族的民间风俗中，红色是最能表达喜庆、吉祥气氛的色彩，举凡生日、寿诞、开业都少不了红色的身影。尤其是逢年过节时每家每户都要贴红对联，挂红灯笼，长辈要给晚辈送红包以示吉祥；婚嫁时新娘穿红衣，盖红盖头，新房贴红喜字，点红烛；有新生儿诞生的家庭要送红皮鸡蛋。

造型是构成服装外在视觉效果的基本要素，因此要表现中国元素，无疑要从款式细节中渗透出来。中国传统服饰的领、襟、袖、摆等局部造型以及直或曲、宽或狭的整体造型，经过千百年的积淀，逐渐成为传统服饰形制在现代服装设计应用中最常用的中国元素。

6. 中国元素与生活器物设计

中国传统生活器物文化博大精深，是由我们的先民一代一代延续发展而来的，是先民的伦理道德、生活习俗、生活质量等的集中反映，因此它们具有很强的传统文化特征。其与古人生活贴切、融洽、和谐，而这些，正是中国现代产品所缺乏的。器物文化代表一个国家的历史和文化发展水平。中国传统器物中的环保意识、社会意识、人性化设计、意境美、仿生设计、简约实用等设计法则都对现代产品设计具有良好的借鉴作用。

器物，指所有为人所用的人造物，多指容器、食器、饰物、家具等生活用品。中国传统器物是一个非常宽泛的称谓。从时间上说，可以从上古延续到近现代；从门类上讲，则包含了与衣、食、住、行、用相关的所有器物。它们是古人改造物质生活实践的产物，以满足使用功能为目的，将审美形式与实用功能结合起来而产生的形式。器物蕴含着历史的文化，并受到文化的影响和支配，作为精神的物质载体，反映了特定时期的人类生活方式、技术条件、审美取向、价值观念等。

在中国的器物文化里，很少有以纯功能作用存在的。即使起初是从功能出发的，也会在后来的使用过程中融入特定的文化，从而扩展了这种器物的内涵。这种带有文化特质的器物，一般会受到文化延续性的影响，具有比纯功能器物更长的生命力。

不同器物由于材料、形式、所处环境的不同，表达的审美取向、蕴含的文化特征也各自不同，但它们都富有鲜明的中国特色，承载着绚丽多彩、博大精深的中国传统文化的精髓。

社会意识是指社会的精神对社会存在的反映，包括人们的政治、法律思想、道德、艺术、科学和哲学等意识形态及感情、风俗习惯等社会心理。简而言之，即人们对社会、外部世界的认识，人的思维状态的集合。随着人们造物水平的提高，人们对“物”的要求也必将增多，除了具有延伸肢体功能的作用外，还要倾注一些人生观、世界观、价值观。传统器物的造物原则在很大程度上受到封建礼制、古人的认知水平、统治阶级的专政意识的影响，成为树立礼仪规范、维护统治阶级利益的工具。正是因为器物设计中寄予了某些社会意识，通过人们世代的流传，才使器物成为彰显传统文化的媒介，而器物自身也因此越发具有魅力了。

在现代产品设计中，可以适当地在一些产品中融入一些正确的传统的认识观念，以提升产品的文化气质。在现代设计中，人性化设计的定义是以人为中心的，满足人的生理和心理需要、物质和精神需要。营造舒适、高雅的居住空间，使人们享受空间的使用趣味和快感，人性得以充分地释放与满足。人的心理更加健康、情感更加丰富、人性更加完善，达到人物和谐。人性化设计是产品设计中比较高的境界，它不仅要求产品实现应有的功能，而且要求在产品与人的交流中，人的身体和精神同时得到愉悦。

人性化一词对于现代产品设计并不陌生。随着社会经济的发展，人类需要阶梯上升的内在要求以及对于设计理性化的反思。在产品设计中人的舒适性逐渐成为衡量设计水平的标准之一，"以人为本"几乎成了人们的口头禅。但是，放眼我们周围，可以发现一些产品并没有做到以人为本，产品的设计不符合我们中国人特有的生活习惯、生活方式，不符合中国国情。这也与中国产品设计界一些浮躁、不务实、一味崇外的不良心态有关。与之形成鲜明对比的是，传统器物中很多设计闪现着对人细致入微的关怀，正是因为对中国人生活方式、生活细节的熟悉，了解人们的潜在需求，才能设计出如此令人中意的器物，有效解决了生活中的"不舒适"，凸现了传统造物观对人性的真正关怀。

设计源于生活，源于生活中存在的问题，着眼于问题的设计，才是人们真正需要的，这样的设计具有更长久的生命力，正如人们常说的，作家需要体验生活，才能写出真实的生活，并深入地把握生活的本质。对于设计师也是如此，只有亲自体验所设计物品的使用过程，斟酌其使用的舒适度，发现其中的问题，不断地加以改进，删除一切不必要的、不舒适的设计，才能设计出大方、简洁、实用的产品。

7. 中国元素与文具设计

中国文具发展历史源远流长，可惜时至今日，在中国这个文具大市场上，有 80% 的文具产品是仿制品（大多仿制韩日等国的产品），或是加工别人的产品。当代中国文具无论从造型、材料还是使用等方面都很难看到本土文具文化的继承与发扬，更多的是呈现出对西方文具的妥协以及被西方文具文化侵蚀的现象。中国文具要增强在国际上的竞争力，重要的是体现我国优秀传统文化的特色，将优秀传统文化合理、巧妙地运用到中国的文具创新设计中，为我国的文具打上"中国特色"的烙印。

在我国的传统文具中，最为典型的代表是"文房四宝"。"文房"之名，起于我国南北朝时期（公元 420~589 年），专指文人书房。笔、墨、纸、砚为"文房"所使用，因而被人们誉为"文房四宝"。"文房四宝"之名最早见于北宋梅尧臣《九月六日登舟再和潘歙州纸砚》："文房四宝出二郡，迩来赏爱君与予。"宋时已无郡制，郡是对州的旧称。这里的"二郡"：一是歙州，二是宣州，属北宋的江南路。歙州主产纸、墨、砚，宣州主产纸、笔。

"文房四宝"不仅具有实用价值，也是融绘画、书法、雕刻、装饰等各种艺术为一体的艺术品。在翰墨飘香的中国传统文化中，"文房四宝"总是同文人士大夫的书斋生涯相关联的，是文人雅士挥毫泼墨、行文作画必不可少的工具。古人有"笔砚精良，人生一乐"之说，精美的"文房"用具在中国古代文人眼中，不只是实用的工具，更是精神上的良伴。

在漫长的历史岁月中，中国传统文具的发展也就是笔、墨、纸、砚的发明及运用。

它们不仅象征着中国的传统文化，在世界文化方面也创造了辉煌的历史文明，从最初单一的使用功能发展到兼具艺术价值。无数精美绝伦的文房用具，为世人留下了丰富而厚重的优秀文化遗产。随着文具行业的发展，行业技术水平也迎来了迅猛提升，相关文具产品呈现以下发展趋势：

设计多功能化。产品的功用常常是复合的，而产品的用途本身就具有“模糊性”。运用人性化的设计使得多功能化的文具设计成为一种顺应发展的产物。同时，电脑网络技术的发展，传统的办公和学习方式发生了新的变革，多功能化的趋势也与之相适应。

简洁实用化。简洁几乎是产品设计永远的风格之一。好的设计不是简单粗糙，而是融入体贴的人性化设计、考虑周到的细节设计之后，抛弃纯粹以增加附加价值为目的的外观造型后的设计。

高档礼品化。文具用品多元化、多层次的消费结构已经形成，尤其是办公文具市场的迅速壮大和人们生活水平的提高，文具也就有了向高档产品发展的需求。

文具娱乐化。根据学生好奇、贪玩心理产生的娱乐化设计愈发明显，其设计较多运用了卡通造型和图片等。但过度的修饰不利于儿童和青少年的学习、生活，甚至影响到他们心理健康发展，这一倾向值得人们警惕。

产品的情趣化。即是通过产品的设计来表现某种特定的情趣，使产品富有情感色彩。它往往通过拟人、夸张、排列组合等手法将一些自然形态再现，从而给人以新的心理感受。

产品的人性化。将人体工程学、设计心理学等研究成果运用到产品设计中，很大程度上满足了人们物理层次的需要（舒适感）和心理层次的需要（亲和感）。例如韩国设计的磁性回形针收集器是由磁性金属球制成的，很有质感，加工精致，回形针完全靠磁力吸附在球形基座上。这一有趣文具，让人们在办公累了的时候得以缓解紧绷的神经。

情感化设计是人性化设计的一个核心内容，是以人为本而展开的设计思考与设计方向，注重提升人的价值，尊重人的自然需求与社会需求。情感化设计是人与物及环境相和谐的结合，是一种人文理念与精神需求的体现。当代社会物质生产极其丰富，生活节奏日益加快，人们在产品基本使用需求得到满足的情况下，更关心情感上的需求与精神上的慰藉。情感化设计改变了以往大众对于产品仅仅要求满足简单使用功能的局限性认知，向关怀和满足人的情感和心理需求方向发展，在使用者与产品的技术功能之间寻找一个平衡点，缓解人们对于产品消费功能需求选择的麻木，使人能在产品消费的选择中找到能满足自己情感需求的、适合自己的、美好的基于情感化设计的产品。

产品的绿色设计。绿色设计不仅是一种技术层面上的考量，更重要的是一种观念上的变革。人们对环境、生态恶化及面对全球化背景下的市场竞争时，需要注意到经济生态代价问题，只有可持续的发展才是真正的进步和真正的价值提升。

现今，大多数文具都是中国制造，而并非中国设计。中国的文具设计往往都依附于国外文具设计的模式，在造型、材料、工艺上照具设计，几千年遗传下来的中国文具文化正在慢慢消失。抄照搬使得中国文具设计已经缺失了本土设计元素，中国的消费者正在被动地消费西方文具。

中国的文具设计要谋求发展，除了造型创新外，更重要的是体现我国传统文化的特色。大量的实践证明，只有民族的才是世界的。将传统文化合理巧妙地运用到我国的文具创新设计中，不仅可以为文具打上“中国特色”的烙印，而且还能增强我国文具在国际市场上的竞争力。文具设计早已摒弃了过去直板的造型和简单的界面，越来越多地追求装饰化和艺术化，寻求一种美感和个性化的风格，这使得文具不再是简单而又普通的产品。

中国的传统工艺技艺包罗万象，这一点可以从中国丰富的传统文化中发现。将中国的传统工艺、技艺运用到文具的设计中，是对中国传统文化的传承和延伸。

在文具组合和打开方式上可以效仿家具中榫头的拼接方式。中国古代木建筑结构“叠梁式”和“穿斗式”，在文具的拼接方式上也多有效仿，尤其是仿效插销、闷榫、半榫的拼接形式较多。这种形式的文具在组合上既简单又牢固。

中国消费者对于竹、木、陶瓷等材料的熟悉感和亲切感，也是中国元素在文具设计中的体现方式。目前，将陶瓷的加工技艺运用到制笔上也是一种很好地将中国元素与文具设计结合的典范。这种中国红瓷笔采用纯红釉加陶瓷烧制而成，中国红瓷有深厚的传统文化（包括湖湘文化）、陶瓷文化，阳刚之美和阴柔之美的和谐统一，从古老传统观点看，红瓷是金、木、水、火、土五行的完美融合。文具设计中加入传统工艺，秉承了“古文化，现代品”，将华夏五千年的历史文明融入时尚的现代生活，以现代的视觉理念全新阐释中国元素。

中国文具的发展要想谋求一席之地，必须要从本土文化入手，设计出具有中国特色的文具，在文具中体现出中国文化与艺术的完美结合。这里所说的文具设计的创新与传统元素的运用并不是说基于表象的简单的纹样、图形的叠加，而是应该真正地了解我们的传统、热爱我们的文化，在设计的过程中衍其“形”、传其“神”、会其“意”，真正做出有“中国味”的设计。

二、构建文化产品交互式进化系统

新经济的本质就是知识经济，而创意经济则是知识经济的核心和动力，这种具有高科技、高文化附加值的产业，诞生了无穷的新产品、市场和财富创造的新机会，体现了知识经济时代和信息时代最为鲜明的特征，成为推动一国经济持续发展的原动力。发展文化创意经济可以带动经济增长方式从资源、投资驱动向内生性的效益到创新型的增长方式的转变，是一种发展观念和模式的转变，依靠科技、文化、市场等诸多方面的整体创新推动经济、社会和文化的协同发展，最终实现包括科技、文化、商业等社会系统的全面自我进化。

（一）文化创意产业传统发展模式比较

1. 以产业转型为背景的发展模式

以产业转型为主导的发展模式是早期文化创意产业产生的主要动因。

2. 以科技创新为核心的发展模式

以科技为主导的发展模式其重要的特征是技术的先进性，技术领先不仅提高了文化创意的内涵与价值，更提高了进入的壁垒和出口的竞争力，实现文化创意产业可持续发展。

3. 以服务需求为主导的发展模式

以服务为主导的发展模式是以服务为主线，将服务主体、内容、形式，多元化、市场化、科技化，实现产业与需求之间的紧密结合，突出了创意产业发展的柔性。日本通过将市场与服务进行细分，挖掘需求信息，制定各种扶持和刺激性的政策，建立和完善配套服务来指引、扶植和调控产业的发展，为创意产业的发展提供良好的发展环境。

不同的发展模式体现了不同产业背景、发展思路与区域特色。文化创意产业出现于传统产业转型升级的需求，未来发展则又体现了科技创新与服务需求的并驾齐驱。不管以何种发展模式，最重要的是文化的沉淀、整合、开发、创新与传播。对于有着悠久文化历史的中国，文化产业必将成为未来中国经济的重要组成和时代特征。

（二）产业与市场交互发展模式的内涵解析

1. 传统文化与新兴文化的交互

中国有着悠久的历史和文化，传统文化为文化创意产业的发展奠定了基础，但随着时代的发展和科技的进步，新兴文化又代表了一个区域的发达和开放程度。传统文化与新兴文化的交互为文化创意产业注入了新的活力，彼此相互交融，使新时代的人们在怀念传统文化的同时，学会欣赏新兴文化。

2. 文化产业与现代科技的交互

随着科技和互联网的发展，文化产业的形式、内容、类型具有了多元化、网络化的特征，更加促进了传统文化的表现、创新与传播。3D 影院、电子书、互动电视等无不体现着文化与科技的结合。

3. 产品开发与市场运作的交互

创意产品的孵化是文化创意产业繁荣的基础，孵化不仅要依靠政策，更需要市场的扶持。例如，江苏省一方面设立科技研发基金、文化创新基金、创业投资基金和信用担保基金，促进产业孵化，另一方面则大力引导金融机构、信用担保机构、风险投资机构、设备租赁机构等其他金融机构为文化创意企业提供信贷支持，解决创意企业融资难的问题，并且搭建交易平台，积极推动商业化运营方式。

（三）文化创意产业发展模式的趋势分析

1. 向传统制造业渗透，提升产品附加值

创意产业的低消耗、高营利性的知识密集性，能有效克服城市土地、资源的瓶颈约束而保持持续、快速的发展。例如江苏有着扎实的制造业基础，创意产业向制造业的渗透，有利于推动传统制造业向高增值产业升级，提高了产品的附加值。同时，现代制造技术也能推动创意产业的规模化，提高创意产业的快速反应能力，推动创意衍生产品和产业链的发展与壮大。

2. 加强创意资源整合，发展创意产业链

发展创意产业有助于开发利用历史文化资源、社会资源和人力资源，并将它们转化为经营资源和资本，从而突破资源、资本的瓶颈，要将这些资源有效地利用起来，必须发展文化全产业链。文化创意全产业链是以市场和需求为导向，文化产业各部门之间基于一定的技术经济关联，并依据特定的逻辑关系和时空布局关系客观形成的链条式关联关系形态，使得上下游形成一个利益共同体，从而把最末端的消费者的需求，通过市场机制和企业计划反馈到处于最前端的研发与创新环节，产业链上的所有环节都必须以市场和消费者为导向，全产业链的发展思路，有利于促进创意资源的整合与共享，获得产业链的乘数效应与相关利益价值。

3. 积极培育市场，鼓励文化出口

创意产业以文化为基础，以文化的消费者为出发点，强调文化艺术的市场化、商业化，提高受众群体的文化素质。文化创意产品和服务的消费来源于消费者对文化的认同和归属感，因此文化的交流、沟通对于产业的发展至关重要。我们不仅要进行新老文化的培育与交融，更要鼓励中外文化的交流与共享，推进文化出口，弘扬中华文化，还要吸取国外优秀文化，丰富文化产品与服务的内涵与形式，从而促进产业的国际化发展。

（四）构建文化产品交互式进化系统

1. 文化产品交互式进化评价方法

利用遗传算法的优化能力，将已有的文化产品造型编码进行变异、交叉、选择，以获得用户偏好的文化产品造型，由于意象感知通过传统遗传算法的适度函数构建来映射相对困难，所以个体适度值的获取可以通过测试者对文化意象词汇的交互评价，依照此种方法进行产品造型进化。用户在交互评价的过程中，由于每一代个体都需要进行评价，容易产生疲劳感，需要引入神经网络，对神经网络进行训练来构成网络的完整学习过程，用于模拟用户对文化产品的交互评价，来提升文化产品造型进化的效率，改善疲劳评价带来的误差。

2. 文化产品交互式进化系统设计开发及应用验证

对文化产品造型设计系统的功能进行概述，通过交互界面实例得出基于用户评价的文化意象设计优化方案。系统设计主要通过设置种群参数—系统产生方案—用户评价—优化方案计算等过程不断循环优化，将用户主观判断和电脑计算结合在设计过程当中，以此获得最接近用户期待值的文化产品设计方案。

第六章 中国传统文化在现代环境艺术中的映照与深化

第一节 传统文化在环境艺术设计中的印迹

一、环境艺术设计与传统文化的关系

顾名思义，环境艺术设计的对象是人类赖以居住、工作和生活的环境。环境，是个内涵非常广泛、丰富的概念，它是指人类所存在的周围地方及其中与人类有关的事物，一般可大致分为自然环境和人文环境。对于环境艺术设计而言，讨论的对象主要是人文环境。既然环境的定义包括了人类所存在的周围地方，那么环境艺术设计也就涵盖了非常广泛的领域。大到一个景区乃至一座城市的布局规划，小到一座建筑与周边景物的搭配乃至建筑物内部某一房间的布局，无不属于环境艺术设计的范畴。

而环境艺术设计的目的，首先是要使人们赖以存在的环境得到艺术层面的美化。从这个意义上来说，环境艺术设计是基于艺术审美的“创美”活动。其次，则是要让环境能够适应并彰显出某一特定人群的品位、品格与追求。从这个意义上来说，环境艺术设计又是一种基于文化认知和文化认同的创造活动。

创造活动。因为一切审美活动及“创美”活动必须根植于特定的审美文化心理，而这种审美文化心理则是由特定人群的性格、品味及其价值观念、追求倾向所决定的。上述所说特定人群的性格、品味及其价值观念和追求倾向，概括起来，则属于“文化”的范畴了。

文化，同样是个内涵丰富、兼容并包的概念。广义的文化，包括物质文化和精神文化，它是指全人类或特定的国家、民族所创造的一切物质财富和精神财富的总和；而狭义的文化则是专指精神文化。具体来说，它是指在某一个国家或民族当中，可以凝结在具体的物质文化实体当中而又能游离于其外的，能够被传承下来的历史传说、民风习俗、思维方式、行为模式、生活方式、价值观念、文学艺术等具有意识形态属性的事

物。对于该国家或民族的成员来说，国家或民族的文化是人们彼此之间进行思想意识及价值观念交流的必要条件和必要工具，在人们的日常生活中发挥着潜移默化的作用，在社会生活中占据基础性的重要地位。

那么，在环境艺术设计中是怎样体现文化的呢？一般来说，环境艺术分为三个层次，即物态层次、信息层次和精神层次。物态层次，是指环境当中的物质实体以及这些实体之间的相对位置关系；信息层次，则重在考察环境中的物质实体及其相对位置关系能够给人带来一种怎样的感受，这些感受可能引起怎样的心理反应。这些隐含在物质实体及其相对位置关系当中的、能够给人们带来特定感受的感官信息汇总起来，就构成了艺术设计的信息环境，这就是环境艺术的信息层次；在上述特定环境信息引起综合性的心理反应的基础上，人们产生了愉悦、舒适、震撼等心理感受，就揭示出了环境艺术的第三个层次——精神层次。而环境艺术的信息层次与精神层次，是需要区分清楚的一对概念。精神层次，是主观性最强的一个层面，它集中体现为主体人对于周围环境的主观感受，个人的性格、情绪、知识水平、文化背景及素养等各方面的精神要素在很大程度上影响着这种主观感受的类别及其强度。而环境艺术的信息层次，则是指能够给人们带来特定感受的感官信息的汇总。

这些感官信息隐含在物态实体当中，为人的眼、耳、鼻、舌等感官所感知才能引起一系列的心理反应。如果说物态层次是客观的层次，精神层次是主观的层次，那么信息层次则是介于两者之间的中间过渡层次。环境艺术设计要体现不同文化的影响，也必然集中在这个信息层次当中。因为环境艺术设计者从自己的文化背景出发，将能够体现本民族审美文化心理的事物设计成为了环境艺术“语言”。人类所有的语言文字，归根结底都是一种符号。而环境艺术这种“语言”自然也不能例外。

它是一种凝结在物态实体当中、隐含着特定感官信息、承载着特定文化心理的环境艺术“语言”符号。当人们走进这个艺术化的环境时，就会根据自己的文化背景、文化心理和文化素养，将感官接收到的环境艺术信息“语言”符号进行“解码”，就会得到有同有异的心理反应和审美感受。而进入环境中的人，其知识水平和文化背景越是与设计者接近，就越容易产生设计者所期望的心理反应和审美感受。

比如公园角落里一丛青翠欲滴的竹子。如果欧洲游客看到了，可能会称赏这竹子是多么翠绿，就像美丽的绿宝石一样。因为欧洲纬度高，不生竹子，竹子对于欧洲游客来说只是新奇的、能够引发惊喜情绪的事物。而对于中国游客来说，就不会局限于竹子外表的“信息”所激发的审美感受，而是会更多地联想到竹子这一事物所表征的精神内涵。比如“竹报平安”的民俗意蕴；比如竹子表征出的“千磨万击还坚劲，任尔东西南北风”的坚韧精神；比如“独坐幽篁里，弹琴复长啸”的潇洒意态；比如竹笛清脆、婉转、悠扬的乐音……可见，文化背景不同的人，对于同一环境艺术信息产生的心理反应和感受，是有显著差别的。与环境艺术设计者拥有相似文化背景及知识水平的人，可能会依据接收到的感官信息进行深入的想象和联想，从而得到更为多义、更为深刻的审美感受。

而且，这个想象和联想的过程是个能动的过程，审美主体通过想象和联想而最终对环境艺术信息进行多层面的成功“解码”之后，不仅能够得到更为深刻、全面的心理感受，而且会对自己能动的联想与想象的“劳动成果”感到欣慰——这是一种富有参与感的欣慰，它会使审美主体感到，自己参与到了设计者的设计活动中去，帮助设计者进行了最终的“完形”，实现了他的设计目的，并在此过程中与设计者进行了心灵的交流。

因而，这种基于共同文化背景的、能动的“完形”和交流所带来的心理感受是非常丰富、非常深刻的，能够激发审美主体超乎寻常的满足感、欣慰感以及审美乐趣。从上面的分析可见，环境艺术设计在更深的层面上是一种文化创造活动。它的体现方式类似于波兰语言学家英加登所提出的“填空与对话”观点。即文学作品文本里面的字、词、句、段等“物质性”的组合是固定不变的，但它蕴含的思想内涵却是模糊多义的。这就好比是一道填空题，文学作品的文本只是填空题中的文字部分，而其内涵主旨则是空白部分。读者需要凭借自身的生活经验与文化素养，去“填空”、去与作者进行跨越时空的心灵对话，这样才能使文学作品的价值得到终极意义上的实现。

反观环境艺术，实际上也是这样一道“填空题”。物态层面上的环境本身是客观、固定的，然而它所蕴含的内涵、题旨、审美理想等，却可能是模糊多义的。需要环境中的人根据自身的生活经验与文化素养去“填空”，并在此过程中与设计者进行跨越时间的交流、对话，才能获得丰富、深刻的情感体验和审美感受，才能从终极意义上实现环境艺术的价值。在这个过程中，除了生活经验之外，文化背景、知识素养、审美心理等，无疑起到了重要的“桥梁”作用。正是从这个意义上，我们说环境艺术设计，是一项深层面的文化创造活动。优秀的环境艺术作品，也必然要恰切得体地体现国家的、民族的乃至地域的文化特征，用“环境艺术的语言”来构建特定的“文化语境”，在与环境中的审美主体的精神交流中实现环境艺术设计的价值。这就是环境艺术设计与文化之间关系的具体表现形式。

二、现代环境艺术设计中融入传统文化元素的必要性

在现代环境艺术设计中引入传统文化元素，这是由现代环境艺术设计的特点与传统文化元素的特性这两个方面共同决定的。

首先，现代环境艺术设计趋同的环境语汇在逐渐磨灭我们民族审美的文化心理特征以及个性化的审美艺术追求。因而，亟须在环境艺术设计中引入传统文化元素来彰显本民族的文化底蕴，凸显本民族的审美文化心理特征。

其次，传统文化浸透着民族化的审美理念，容易被我国普通民众所认知、解读。因

此，融入传统文化元素的环境艺术设计作品能够更为有效地表现出作品的审美情趣和思想内涵，从而实现其艺术价值。

再次，传统文化元素中往往包含着“以小见大”“以显见隐”“以含蓄为贵”等审美特征。优秀的环境艺术设计作品就像是一道富有情趣、内涵丰富的多义性“填空题”。那么，传统文化元素中这些“以含蓄为贵”的审美特征，因为需要审美主体通过积极的探索去解读其内涵，故而它们天然就具备作为环境艺术设计“填空题”的“优越素质”。故而，传统文化元素的融入，有可能促进观赏者与设计者之间的心灵交流，使观赏者在这种能动的交流之中获得非同寻常的乐趣。

最后，在环境艺术设计中融合传统文化元素，有助于增强我们民族的向心凝聚力。随着我国经济的发展，对外文化交流的频度和深度得到日益地加强和拓展。在与国际接轨的心态引导下，西方环境艺术设计的思路得到广泛的运用。罗马柱、尖屋顶、西式圆拱门、西式烟囱、荷兰风车这样的西式建筑元素在一些城市中随处可见。当然，文化交流是好事，西式建筑设计元素的引入可以丰富我国民众的文化生活。

此外，令人忧虑的是，在西式设计元素大行其道的情况下，我国传统文化的建筑与环境设计元素却并未能得到广泛运用。即使这些元素有所体现，往往也处于简单拼凑、粗制滥造的状态。比如，高大的楼房有着简洁明快的线条轮廓，但设计师却非要在四角画蛇添足般地添加四道孤立的飞檐，使景观效果显得“不古不今、不土不洋”，十分尴尬。相对于成熟的西式设计，这样“为赋新词强说愁”的仿古设计多半会沦为笑柄。如果我们的建筑与环境设计在运用传统文化元素方面，都处于像这样“牵强附会、简单拼凑”阶段的话，恐怕民众就会丧失对于传统建筑与设计文化的归属感与自信心，这对于强化民族身份认同、凝聚民族精神自然是有消极影响的。

因此，当代中国的环境艺术设计呼唤传统文化元素的回归，尤其是呼唤高品质的、能够将传统文化元素与现代环境艺术设计理念完美融合的环境艺术作品的大量涌现。这既是传承民族文化根脉、实现环境艺术设计作品价值的需要，也是凝聚民族文化精神、创造新时代的中国特色环境艺术设计文化的需要。故而，在下面两节中，笔者将选取若干在环境艺术设计中有效融合传统文化元素的优秀案例进行分析，试图探寻在环境艺术设计中有效融合传统文化元素的一般原则与创意思路。

第二节　传统文化与环境艺术设计的结合原则

一、从宏观角度把握传统文化的精髓进行环境设计

我国传统的城市、宫廷或寺庙等建筑布局方案都强调“中轴线”这一概念。其原因是多方面的。

首先，以中轴线来统摄城市、宫廷等大面积的建筑群，能够形成一种空间布局方面的对称之美。对于大面积的建筑群来说，这种规整的对称之美易于营造出一种宏大的气势。

其次，我国古代有着几千年的君主专制，在封建国家的政治结构中，至高无上的皇权处于绝对的中心地位。因而，都城、宫廷等大规模建筑群的布局都要强调用“中轴线”的统摄功能来象征处于中心地位的无上皇权。中国古代讲究“君君、臣臣、父父、子子”，与皇权这种“人治”的体制相对应，在地方上，州郡官吏作为皇权的基层代理人，自然也享有相对于一城、一地而言的中心统治地位。因此，我们可以看到，中国大多数的古城也都是按照中轴线来布局，府衙通常就处在中轴线的正中央位置；而在寺庙、道观这种超越世俗的修行场所，依然有着类似俗世的等级制度，故而寺庙、道观建筑群的中轴线也象征着方丈、住持等人对于寺庙或道观的管辖权；甚至到了微观的家庭宅院中，父亲具有对家庭的绝对统治地位，故而古代民居也同样按照中轴线布局，父母所居的正房自然就处在中轴线上。

再次，中轴线还是我国古代“中庸”学说的一个具象化的诠释。所谓中庸，简单、形象地说就是走中间路线，防止走向两边的极端。“中庸”是占统治地位的儒家所奉行的准则。因而，宫廷、城市等建筑群的“中轴线”设计，也恰到好处而又生动形象地诠释了“中庸”这个观点。

最后，“中轴线”还象征着“中华”所处的地理位置。在上古时代，华夏族建立的夏朝、商朝等均在中原地区建都。这是因为中原处在东西南北四方之中，居于最为尊贵的位置。因此，早期的华夏也就演变为“中华”“中夏”等称呼，其实就是为了强调华夏族所建立的国家处于世界的中心。因此，城市、宫廷等建筑群的中轴线布局，也是彰显大国气象、法度的一种重要的表现形式。因此，中轴线就作为传统建筑布局和环境艺术设计的一个重要的原则，延伸、流淌在两千年的中国建筑史当中，直到今天。

虽然“君君、臣臣、父父、子子”的宗法人治制度已经被废除了，然而中轴线所表现的“中庸”“中华”等内涵意蕴，仍具有十分积极的意义。再配合建筑沿中轴线布局所带来的对称之美与宏大气势，中轴线就能够展示几千年中国建筑与环境艺术设计的底蕴与风貌了。

因而，对于现代环境艺术设计来说，采用中轴线的设计方案，无疑是体现传统文化精髓、意蕴的一种宏观方式和手段。下面，以西安大雁塔北广场为例，来加以具体的分析。

西安大雁塔北广场，是一个音乐喷泉主题广场。我们知道，在历史上，西安是盛唐帝都。隋唐长安城留给今天最为显见的建筑艺术遗产，包括大、小雁塔。其中，又以大雁塔最为完整、最为雄伟、最为知名。要在大雁塔之北建设广场，则突出“盛唐”这个

主题自是应有之义。盛唐时代，国力强盛，万邦来朝。盛唐帝国以“华夷如一”的博大心胸包容北自突厥、南自天竺、东自高丽、西自中亚的万千异邦人士，他们与汉族民众一起，创造了犹如杂树生花般绚丽夺目的盛唐文明。而帝国的首都长安，自然是这种伟大文明的集中代表。正如骆宾王《帝京篇》所言：“山河千里国，城阙九重门。不睹皇居壮，安知天子尊。”因此，如何突出“皇居之壮”，就成为大雁塔北广场环境艺术设计的首要问题，而中轴线的布局方式便是首选。理由如下：

首先，大雁塔就在隋唐长安城的中轴线上，以大雁塔作为控制点来设计中轴线，统摄整个广场，是水到渠成的事；以大雁塔为轴心来设计中轴线，则将大雁塔之高耸雄伟与广场之平坦宽阔构成了“点与线”之间的鲜明对比，又在此对比的基础上统一于“雄浑”这一具有盛唐风格的审美特征。

其次，中轴线具有延伸感，容易令人通过联想产生动感。且看唐代著名诗人曾参的《与高适薛据同登慈恩寺浮图》：“秋色从西来，苍然满关中。五陵北原上，万古青濛濛。”慈恩寺浮图即大雁塔。当年，曾参登大雁塔观看秋色，看出了“秋色从西来”的动态之感。今天我们从大雁塔上鸟瞰北广场，凭借中轴线的延伸感，仍然能够体会到一种充满微茫之意的无远弗届的动感。

再次，中轴线的布局能够彰显中国古代城市布局严谨的章法之美，体现了“中庸”这一朴素的处世之道，与“水深土厚”的关中淳朴民俗也是颇相适应的。

最后，中轴线突出了盛唐长安城曾为世界第一大都市的中心地位，凸显了万国来朝的光荣景象，也就突出了包容列国、抚恤万邦的雄浑博大的盛唐气象。

当然，除了中轴线之外，北广场还采用了其他一些富有传统文化色彩的设计元素。比如，中轴线水道上的喷泉设置了九级。九，在中国文化中是一个内涵丰富的吉祥数字。皇帝的都城是九门，皇帝的宝座是“九五之尊”，民间的信仰讲究“九九归一”。因此，将喷泉设计为九级，在文化方面是富有启发作用的。此外，喷泉水道两侧的绿化模块，实际上是按照中国书法的九宫格来设计的。而唐代长安城的里坊布局，也正是采用了九宫格一般的布局方式。因此，这些绿化模块可以说是象征了隋唐长安城的民居里坊，凸显了中国传统文化的章法严谨之美。这些传统的设计元素，就像绿叶一样映衬着“中轴线”这朵“红花”，使得北广场在精神层面上复原了隋唐长安帝都。

通过上面的分析，我们可以看到，从宏观视角来总体性地运用中轴线这样的传统文化设计元素，容易达成一种“大象无形”般的博大气象。说它大象无形，并不是说没有一定的形体，而是说像大雁塔北广场这种利用传统文化观念、元素进行设计的环境艺术作品，就像是用天地为背景，设置了一道内涵广大的“填空题”。读者仅凭“中轴线”这样一道简单直线的提示，根据自己的知识储备和文化背景，就能够联想到众多的历史文化事件。这也就是说，中轴线这一传统文化的设计理念，包含着太多的环境艺术信息，当这些信息激发了审美主体人所具备的文化背景时，就能够引发无尽的想象和联想，达到“思接千载，视通万里”的博大境界。从而让审美主体在与历史文化的交流与对话中，能动地、自觉地体验到盛唐帝都曾经的雄浑博大之美，从而凸显大雁塔北广场的主旨与价值。

二、从环境艺术设计的细节处体现传统文化内涵

都江堰水文化广场坐落于都江堰景区内，是四川地区一座比较著名的以水文化为主题的休闲娱乐广场。杩槎天幔堪称广场环境艺术设计中的“亮点”。所谓杩槎，是都江堰地区用来挡水的一种三脚木架。应用时以多个杩槎排列成行，每个中间设置堆积石块的平台。在迎水面加系横竖木条，培植黏土，覆以竹席，即可起到挡水的作用。在杩槎天幔当中，下方的青铜金属支杆，就象征着杩槎这种三脚木架当中的木棍。而上方不规则的金属网面，则象征着油菜花的花朵。在都江堰景区，油菜花是一种十分常见的经济作物。每到春夏时节，漫山遍野绽放金黄色的油菜花，充满了生机勃勃。因而，整个金属网片都是由青铜合金制成，并做了镀金处理，来象征油菜花灿烂的金黄色。

从整体造型来看，无论是青铜支柱还是金属网片，它们的形体都并不规则，而且突出了带有较锐利的折线与直角，具有现代抽象主义的表现风格。然而，如果我们仔细看金属网片的细节，就会发现，它实际上使用了一种传统的吉祥纹饰——轱辘钱纹。所谓轱辘钱纹，就是用一个较大的圆形套一个较小的方形所构成的图案纹饰。两种几何形状分别象征着铜钱的“外圆”和“内方”。从民俗寓意方面来说，轱辘钱纹包含有“招财进宝”“福禄双全”等吉祥文化意蕴，故而它是传统民居中一种常见的装饰图样。

杩槎天幔中具有构成主义风格的锐利线型又与网面底端柔和的曲线形成了和谐的对比与统一：锐利的线型强调了空间的势，具有张扬的特性；而柔和圆润的曲线造型则象征了中国古代哲学“圆满融通”的精神品格，具有内敛的特性。这种锐利与圆融、张扬与内敛的对立统一，就为在细节中运用传统文化元素提供了一个整体性的和谐载体。在此基础上，属于细节设计的轱辘钱纹依靠其数量优势，最终彰显了传统吉祥文化的底蕴。

从上面的分析可见，在都江堰水文化广场杩槎天幔的设计案例中，应该说存在着两个层面的“填空”式欣赏结构。第一个层面是富有抽象主义、构成主义风格的整体造型，要依靠其中蕴含的圆润线型等传统文化元素，从对立统一的视角去“解码”，去领会杩槎天幔整体性的内涵品格；第二个层面则是基于传统吉祥图案的细节设计，需要依靠仔细观察来重新认识其根本性的内涵特征。这样一个层层递进的欣赏结构，能够使得审美主体在“抽丝剥茧”般的探寻过程中获得多次的审美愉悦与文化心理的满足，带来多向度、多重性的审美感受。而造就这个递进式欣赏结构的关键性因素，则正在于细节中体现出的传统文化元素。

三、善于把握传统造型元素的文化底蕴

导水漏墙，是都江堰水文化广场的一道特色景观。它集实用和观赏功能于一体，上层是具有实用功能的导水槽，而建筑的主体部分则是采用斜向方格肌理构建成的镂空墙体，具有较高的观赏价值。从总体轮廓来看，导水漏墙基本是由若干条简洁的几何线搭接构建而成，具有构成主义的抽象风格特征。而镂空的墙体，却与整体上简约明快的轮廓形成了比较鲜明的对比。而这些看上去相当繁复的镂空墙体，正是运用传统文化元素设计而成的。从根本上来说，它是以都江堰堤坝上常用的竹笼为原型来设计的。

竹笼是都江堰地区常见的一种堤防设施，它是用坚韧的竹篾编织成笼状的长筒套，并在其中填充石块以增加整体的重量和强度。将编织并填充完毕的竹笼固定于堤坝的迎水面，就能够起到巩固堤坝、阻挡洪波的作用。当然，在导水漏墙的设计中，对竹笼网格进行了抽象化的处理，使其看上去更像是窗格了。很可能设计者在抽象化地提取“竹笼”原型的艺术元素时联想到了窗格，从而激发了灵感，将漏墙设计成了我们看到的形态。而从观赏者的角度来看，他们未必熟悉竹笼，但基本都会熟悉窗格。窗格在普通民众中显然有着更好的认知度。而形成这一切的关键原因，就在于窗格和竹笼这两种事物之间有很大的相似性。

中国古代人们的生活节奏，尤其是统治阶级的生活节奏，与现代中国人有着很大的不同。他们的生活节奏明显要更慢，有着大量的空闲时间和闲情逸致来品味生活。就以窗格为例，它的主人可以要求木匠做成菱形、斜纹、万字纹、如意纹、椭圆、冰裂纹、方胜形、回字纹、回云纹、八角、方格、瓶形、十字、绳纹、井字等各种造型，为的就是在一瞥之间能够产生出各种联想和想象，兴发出各种各样的情趣和感受来。因此，传统窗格可能同许多事物相像。正是从这个意义上说，家居的窗格与防洪的竹笼有相似之处，是毫不奇怪的。

综上可见，古代的窗格多是以繁复和曲折为美的。而现代的窗格，则多使用直线化的简约构图。这可以视为对农耕文化与工业文化之间区别的一个小小的注解。前者更具有休闲意味，而后者更具有工业时代的科技理性特征。在城市的公园这样以休闲为主题的角落里，使用几何形状相对繁复的窗格造型来引发人们的想象和联想，使他们能够在休闲的过程中自由、灵动地自娱自乐一下，这无疑是彰显农耕文化休闲底蕴的良好设计方式。

在我国古代的造园思想体系中，有一项非常重要的手法，就是“借景”。通俗地说，“借景”就是借助一定的环境艺术设计手段，有意识、有目的地将园外的景物组织到园内的视景范围中来。当然，在园中也常常采用“借景”的手法。最常见的就是亭台楼榭的墙壁上开凿一扇漏窗，那么圆中的景色就会被“借”到亭台楼榭中来了。这样的借景宛若呈现了一幅错落有致的图画，不仅能够以小见大，而且往往于平淡之处让人生出

“柳暗花明又一村”的新奇、惊喜之感，从而带来无穷的意趣。当然，古代的漏窗多用于造园；而在今天，我们不仅能用它来造园，还能用来造厅、造馆、造店、造家。苏州博物馆的漏窗如图 6-1 所示。

图 6-1 苏州博物馆漏窗

苏州博物馆是著名美籍华人建筑师贝聿铭的杰作之一。贝聿铭非常推崇漏窗，他曾说过：“在西方，窗户就是窗户，它放进光线和新鲜的空气；但对中国人来说，它是一个画框，花园永远在它外头。”因此，在苏州园林的诞生地——苏州，设计它的博物馆，漏窗自然是不可或缺的元素。

一般来说，苏州园林的漏窗都不用特定的材料来贴脸收边，以便保持其自然的状态。而在此处，漏窗作了色彩对比度较强的贴脸收边设计，就是为了把它做得更像一幅画框，更符合现代生活的场景和意趣。而且，漏窗被做成了带有钝角的正六边形，一方面这更符合现代画框的形制特征，另一方面，也凸显了以隐喻性、装饰性为特征的后现代主义设计特点。在融合了后现代主义风格特征的“画框”式空窗当中，呈现出的则是青翠欲滴的数竿绿竹，可谓“以竹当窗”，尽显中国传统环境艺术设计的风雅底蕴。

贝聿铭在漏窗的设计中进行了恰切得体的取舍，一方面他选择了漏窗的功能，因而能够从根本上表现出传统设计文化“借景成画”的盎然意趣；另一方面，他对漏窗的形制进行了处理，采取了苏州园林传统漏窗不常用的贴脸收边设计，并有意将线条做锐化处理，从而彰显了后现代主义所提倡的装饰性特征，使漏窗更加符合当代人的审美习惯。因而，苏州博物馆内的这个漏窗，可以说在取舍之间将传统文化的底蕴与现代人的审美习惯有机地联系在了一起，堪称现代环境艺术设计中融入传统文化元素的典范之作。

四、在显要位置突出传统文化元素

在现代环境艺术设计过程中，将中国传统文化元素运用在显效的位置，即在显要的位置突出传统文化，可以产生以一当十甚至以一当百的独特艺术效果。

如一个房间的设计，虽然到处充满着现代艺术设计元素，整体呈现的是现代艺术风格，但是如果在显要处恰到其处地融入传统文化元素，便能传达出传统灵魂的思想。图 6-2 为南京诸子艺术馆内景的设计案例，就充分体现了这样的设计原则。从艺术馆的整体布局来看，不管是屋顶的圆形大灯池还是富有立体感的木皮地板等，都洋溢着现代气息。独具匠心的设计者将一个扇面形的硬景花窗样式的传统漏窗用于自然采光。在传统

图 6-2 南京诸子艺术馆内景

漏窗的陪衬下，室内充满着大量的现代环境设计元素，形成了鲜明的传统漏窗为主，现代环境设计元素为从的主从关系，并在古色古香的艺术馆内达到了和谐、自然、舒适的统一。

综上所述，传统文化元素用于显要的位置，就能够产生“以一当十”“以一当百”的独特效果，即使整个房间看上去是现代艺术设计元素构成的，但显要处的传统文化设计元素仍能提示人们：它的灵魂却是传统的。

五、善于体现传统色彩的文化内涵

图 6-3 的设计案例体现了传统色彩运用的张扬之势。红色，是汉民族文化传统中最为崇尚的色彩，它具有热烈、喜庆、吉祥等美好的寓意。而红色的灯笼，除了具有以上寓意之外，它还给人们一种喜庆、热闹的动态之感。因为，灯笼多悬挂于年节之际，比如除夕之夜、元宵赏灯之夜、传统婚礼等。这些场合，都是万头攒动、人声鼎沸的喜庆、热闹场景，因而，红灯笼本身就承载着喜庆、热闹、动感的环境艺术信息。而在这个场景案例中，设计者从风帆中获得灵感，将 102 盏大红灯笼整齐有致地高高悬挂在三座支杆之上，不仅带来了异常强烈的视觉冲击力，强化了扑面而来的气势感，而且更加凸显出了那种喜庆、热闹、动感的环境艺术信息。它会引导人们自然而然地联想起年节之际人流涌动观赏大红灯笼的热烈场景。因而，这 102 盏高高悬挂的大红灯笼为整个景观注入了无穷的动感。而底部同样用红色灯饰制作的“慈恩镇”三个行书大字，也因大红灯笼所带来的无限动感而更加显现出了飞腾的气势。

图 6-3 西安慈恩镇景区

而且我们观察周围环境就会发现，仿古建筑虽然章法严谨、中规中矩，但却容易流于单调呆板。而在众多仿古建筑之间设置这样一座色彩鲜艳、气氛热烈的大型灯笼挂架，则能够有效地对称那种单调、呆板之感，从而成为整个景区的灵魂标志。从这个意义上来看，将“慈恩镇”这一景区名称写作三个行书大字放在灯笼挂架底端，不是正得其宜吗？

第三节 传统文化引领下的环境艺术设计创新手法

一、活用传统文化设计元素

在现代环境艺术设计中使用传统元素，要用出特色、用出创意来，就离不开“活用”二字。所谓“活用”，就是指不拘泥于传统文化元素本来的形状、样态、材料、质地乃至用途等，创新性地赋予传统文化元素以新的样态或用途，如图 6-4 所示。

我们可以看到，室内的灯池、墙体、地板等处充斥着各种各样的直线和折线，富有现代环境艺术设计的简洁、大方之美。但在显要的墙体中间位置，设置了具有传统文化特征的隔扇与印鉴造型，开门见山地赋予了这间会客室以传统的文化底蕴和风格特征。

图 6-4 活用传统元素的某会客室内景

隔扇，也叫格子门，是带有用木棂条编织的网状窗格的一种门扇，是我国传统民居中常用的部件。隔扇通过木棂条之间的空隙来保持通风效果，又能以木棂条为黏合点糊上纸张或布帛，从而起到隔风避寒的作用。我们仔细观察上图就会发现，这里虽然用了隔扇造型，但却在隔扇的中下部有意拆除了部分棂条，形成了一些对称的“空挡”。为什么要这么设计呢？因为传统的隔扇，棂条编组的网状窗格是非常细密的。过于密，就容易呆板。这是一间具有会客室功能的房间，如果处于显要位置的隔扇造型中棂条过密，图案过繁，就容易产生一种板滞、压迫之感。

因此，设计者转而采用了“掏空”的办法，将部分棂条撤除，将期间的空隙进行有规律的放大，就使得整个造型变得活泼、灵动起来。而且，这些由空隙放大形成的对称图案，多是齐整的矩形造型，有的还可视为两个矩形的交叉叠置，不仅具有现代设计的几何抽象感，而且可以引起审美主体的多义性联想。比如将其想象成墙砖、搓板、花朵等多种事物。这就在无形中平添了隔扇造型的观赏价值及趣味性，也能够向来访的客人提示一种轻松、愉快的氛围。可见，对传统文化元素进行别出心裁的变形活用，就有望将传统文化与现代设计理念完美地融合在一起，给人带来多层面、多向度的丰富审美感受。

以上是活用传统元素的形态，除此之外，还能对其用途进行活用。

如图 6-5 所示，这个设计案例属于室内环境的布局。从图中我们可以看到，这是一间融合了许多传统文化元素的客厅。月亮门又叫月洞门，是古典园林建筑“洞门花窗”体系当中一种非常优美、别致的造型。通常，月亮门都用于园林建筑当中，然而在这里，设计者却独具匠心地把它用在了电视墙当中。这就赋予了月亮门以新的内涵，同时也赋予了整个客厅以全新的内涵。首先，月亮门象征着如中秋之月一般的团圆美满，用在客厅当中是十分得体的，具有象征合家团圆、幸福美满的吉祥寓意；其次，月亮门内套方形的电视，它彰显了一种传统的处世哲学，即“外圆内方”，也叫“人生铜钱论”。

因而，这样一种造型具有雅俗共赏的特点。最后，向客人展示了一种布局的章法之美。俗话说：“没有规矩，不成方圆。”而这里的设计也就套用了这句话，即“既成方圆，必有规矩”。因而，从这样的设计中，客人还有可能体会到主人是一个胸存规矩、洞明世事、练达人情的通达之人。

图 6-5 月亮门造型的电视墙

从上面的分析可见，月亮门的活用，就能带来多方面的环境艺术信息，引发客人的多重联想，品味出多重内涵，达到“简约而不简单”的良好效果。

二、善于运用富有传统内涵的植物

植物，是传统园林设计中不可或缺的组成部分。植物不同于其他环境设计元素的最大特点在于，植物是活的，在一定情况下也是能够“动”的，它象征着生机勃勃，是任何“死”的、静态的环境设计元素都难以比拟的。而且，在我国传统文化中，有许多植物都具有丰富的文化内涵，比如松树象征着坚贞不屈，梅花象征着傲岸倔强、菊花象征着隐逸情怀、兰花象征着君子之德、荷花象征着脱俗不染、翠竹象征着坚韧不拔等。

因此，善于运用具有传统文化内涵的植物，也是在现代环境艺术设计中融合传统文化元素的一种有效手段，如图 6-6 所示。

万科第五园的别墅群，在设色上是非常讲究的。它使用洁白色作为墙体的主色，仅在房檐、墙檐处使用青黑色进行了收边处理。其实，它的色彩选择应该是源自皖南古徽州民居的颜色样式。皖南民居的主色调是白色的粉墙与黑色的瓦片所构成的。为什么要这样配色呢？原来古徽州重商，为了经商得利而特别注重风水。根据我国古老的五行五色理论，金主西方，像白色；水主北方，像黑色。而五行相生的顺序则是金生水。因而，风水学说认为“金盛则水旺”。而且“山主贵，水主财”。因而，皖南民居用黑白两色为主色调，则是为了让“金、水”齐旺，从而招财进宝。由于江南地区历来富庶，民多经商。皖南民居的配色在江南民居中也具有代表性。万科第五园作为高档别墅，其客户群当中自会有很多富裕的商人。

图 6-6 深圳万科第五园别墅外景

深圳作为一个移民城市，江南各省人又在深圳人中占据较大的比例。故而，第五园的别墅就选用了古徽州民居的配色方案。但是，深圳毕竟是一座快节奏的现代化都市，照搬古色古香的民居原貌只会令人升起“矫揉造作”之感。故而，设计者大胆地选用了直线、锐角、矩形等具有构成主义风格的设计元素来彰显别墅外观的现代主义风格特征。简约的线型，鲜明的棱角，使别墅流露出了一种基于科技理性的简约、大方风范。也使得现代建筑样式与传统的配色和谐地融为一体。然而，如果缺少了门侧的萧萧数竿翠竹，这个设计就会欠缺应有的内涵和品味。这是因为竹子在中国传统文化中具有丰富的内涵：

其一，竹报平安。唐代段成式在其《酉阳杂俎续集》中记载：“北部惟童子寺有竹一窠，才长数尺，相传其寺纲维每日报竹平安。”后来，发明了纸卷的爆竹，家家户户在年节之际燃放，意在驱邪，赢得来年的平安吉祥。对于传统的商人而言，大抵就只有两个基本的愿望：一是发财盈利，二是平安团圆。因此，在别墅墙边栽种萧萧数竿翠竹，就寄寓了平安、吉祥的美好寓意。

其二，竹在古代文化中象征着脱俗的“雅”。苏轼在《於潜僧绿筠轩》这首诗中写道：“宁可食无肉，不可居无竹。无肉令人瘦，无竹令人俗。人瘦尚可肥，士俗不可医。旁人笑此言，似高还似痴。”

从此之后，竹就成了“高雅脱俗”的代言人。在一座新兴城市中赚得巨额财富的商人，是绝不愿意被视为“暴发户”的。那么，最好的办法就是在居室旁随手种上几竿翠绿欲滴的修竹，来彰显自身的品位和内涵。因此，第五园这座别墅用翠竹来“画龙点睛”，凸显了别墅的风雅内涵，很好地迎合了潜在客户的心理需求。当然，这也带来了一个问题，就是翠竹与白墙相映，都是冷色，设色有过于淡薄、清冷之嫌。因而，设计者将正门设计成了温暖的橙色来进行补救，在这一显要位置成功地对冲了众多白、绿、黑色调所带来的清冷之感。

三、着眼于同现代光、电技术相融合

当代环境艺术设计，是在现代科技环境下进行的，需要接触到各种各样的光、电技术设施。因此，环境艺术设计者也需要研究光电设备与传统文化元素融合的可能性，有时就会产生奇异的设计效果，如图 6-7 所示。

从本质上来说，玻璃制造的镜子算不上什么光学技术设备。然而，在我国古代，是没有玻璃镜子的。虽然我国早在战国时期就掌握了制造玻璃的技术，但受工艺水平的制约，所造玻璃透光性很差，无法映出形象。直到清代雍正以后，从西洋传入的玻璃镜子才开始小规模地运用于贵族阶层的家居之中。而镜子在我国普通居民家居中的普遍应用，则属于新中国成立以后的事情了。因此，就古代传统的环境艺术设计而言，是很少有使用玻璃镜子的机会的。正是从这个意义上说，玻璃镜子相对于传统文化元素来说，可称为比较现代化的“光学技术设备”。

图 6-7 圆拱门式的落地镜

在图 6-7 中，落地镜被设计成为圆拱门的形状。圆拱门，多用于传统的园林建筑中。由于镜子的反光作用，使得室内的器物与布局看上去仿佛就像园内的景物一样，令人产生“别有洞天”之感。其实，这也是继承了传统造园手法中的“借景”手法，属于间接借景。

比如，利用静止的水面来仰借天光云影之景就属于间接借景的典型手法。只不过，在这里设计者将水面换成了反射率更高的玻璃镜面，将园林的借景思维移植到了居室之中，利用镜面借了居室当中的“景”。利用光学折射现象，巧妙地拓展了居室的景深和空间感。而圆拱门样的镜子造型，又使得所借之景仿佛出自门内，为现代气息浓厚而略显清冷的居室平添了一份娴雅、幽默的意趣，堪称将现代光学技术与传统文化元素进行“无缝对接”的典范案例。

图 6-7 的案例是借用了近代化的光学设备——玻璃镜子。而图 6-8 所示的案例则是借助现代化的光学电设备——灯具。

图 6-8 为一间充满现代气息的客厅。所用的传统文化元素屈指可数，但最典型的传统文化元素——瓦当造型被运用在了最为显要的墙壁位置，这就凸显了居室环境艺术设计中传统文化的风格与底蕴。我们知道，瓦当作为一种传统建筑的附件常被安置于古代宫室的檐端，除了装饰功能之外，其基本的实用功能就是防晒、排水、保护椽头免受风雨侵蚀。这一组瓦当，看上去同充满现代设计元素的居室非常协调，这是为什么呢？笔者认为，首先，瓦当造型采用了原始的土黄色，不仅凸显了扎根沃土的文化心理，而且与室内装修的深褐色、红褐色等颜色也十分协调；其次，瓦当是与灯光结合在一起、呈立体形态出现的。

图 6-8 瓦当造型

在图 6-8 这个设计案例中，我们注意到，三块瓦当造型正上方的三盏小灯投下的光影，正好刻画了三个筒状檐脊的形状。而瓦当，正是安装在檐脊顶端的。因此，灯光的光影造型就与下方的瓦当造型融为一体，共同构成了一幅带有立体感的檐脊瓦当图案。从这个意义上来说，瓦当图案与现代的灯光设施是和谐地融为一体的，也同现代设计风格的居室环境和谐地融为了一体。

四、注重以“静”见“动”

环境艺术设计的作品，一般都是静态的。如果能够让审美主体从静态的作品中看出动态的趋向，进而产生各种各样的联想。我们就可以说，这样的环境艺术设计作品是富有创意的高水平作品。

例如，浙江千岛湖浅水湾酒店廊道格栅，如图 6-9 所示。这些格栅图案取材于浙江千岛湖畔淳安县的传统蜡染工艺纹样，如图 6-10 所示。蜡染是淳安县的传统手工业品，在浙西、皖南地区享有盛誉。

图 6-9 浙江千岛湖浅水湾酒店廊道格栅

图 6-10 淳安蜡染实物

要用立体的形态来表现蜡染的纹样，就必然要用到镂空的技法。因此，这个作品也借鉴了传统窗格的镂空形态。受皖南文化影响，淳安在历史上也盛行“三雕”，即石雕、木雕和砖雕。虽然这些雕刻手艺并不以雕镂窗格纹样为可称道的能事，但是镂空窗格毕竟也在一定程度上代表了淳安的木雕手艺。根据笔者的观察，这些格栅纹样虽然从根本上是取材于淳安蜡染纹样，但也部分借鉴了传统漏窗中的“冰裂纹”图案，并进行了线型上的锐化处理，突出了一些几何线型的构成感，也突出了某些锐角。

这种几何样的构成感，就使得整个纹样得到了内在精神上的“硬化”，配合立体镂空形态及金属材质，有效地增强了作品的空间感和现代感。然而，我们同时也注意到，作品在对一些几何线型进行锐化和“硬化”处理的同时，也在一定程度上吸收了传统窗格尤其是软景漏窗的“流纹”式处理手法，对另一些线型进行了“软化”处理，甚至对一些线型进行了合并，使其变得不规则起来。这样一来，锐化的几何线条以其硬性的风格特征就与“软化”的线条所反映的流动性的、软性的风格特征形成了一定程度的对比。

这些具有构成主义特点同时又融合了中国传统“流纹”图样的格栅纹样，看上去就具有了西方现代派美术中抽象主义、超现实主义作品的某些特征。于是，锐化、硬性与软化、流型几何线条的对比，又统一于张力和动感。我们注意到，按照西方现代主义艺术的规律去看待这些图样的话，就会发现它所描绘的是抽象化的人的形象。因为一切艺术在最根本上是为人服务的，而一切手工艺产品包括蜡染，它无疑也是为人而服务的。

要用蜡染图案来表现淳安的历史与文化，舍弃人的形象又何求呢？那些线条的融合处，其实可以视为人的头部和身体，而那些或直或曲的纤细线条，则可视为人体的四肢。锐化的直线体现了人体形象的张力，而流纹化的曲线则象征着人体的柔韧。两者的效果结合在一起，就形成了一股呼之欲出的内在动感。

因而，虽然这些格栅是静态的，它所用的材料也是冷冰冰的金属，但是它的纹样却饱含着动感。它所诠释的应该就是历史上淳安人坚韧不拔、勤劳创业的人文精神。我们还注意到，格栅采用了长条形的设计，这固然取材于蜡染的布幅图形，但同时也可能是象征着历史的长河。在历史的长河中，一代代淳安人就是染着蜡染、穿着蜡染，走到了今天。

因此，这些格栅作品取材于作为淳安文化符号的蜡染，并用它的纹样表现了富有张力和动态生命力、富有精神品格的淳安人的形象。而且，它通过巧妙地融合构成主义的线型特征与我国传统的软景漏窗纹样特征，赋予了静态格栅纹样以动态的精神内涵，堪称在现代环境艺术设计中融汇传统文化元素，是以“静”见“动”的典范案例。

第七章 中国传统文化在现代民居室内设计中的体现与融合

第一节 传统民居室内设计与环境的融合

源远流长、载深履厚的中华民族室内环境艺术文化，系以汉民族室内设计为骨干、融合境内历史上多民族艺术和技术创造的。上古时期，先民祖先们基于生存环境，创造了符合自身特性和环境特征的人居文化，按照自己的意念进行生产和生活活动，使人居环境艺术显现出浓郁的民族色彩，并且不断改造和利用生存环境，也使其烙上了地区区域的痕迹。春秋战国期间，仅中原文化就存在着齐鲁文化、楚文化、巴蜀文化、吴越文化、三晋文化、秦文化等不同源头，它们之间存在差异。青铜时代的四川，就有巴文化、蜀文化、邛文化之别。先哲们很早就注意到自然条件、社会与经济，以及民族文化之间的差异性。例如：

出自《礼记·王制》:“凡居民材，必因天地寒暖、燥湿，广谷大川异制。民生其间者异俗，刚柔轻重，迟速异齐，五味异和，器械异制，衣服异宜，修其教，不易其俗，齐其政，不易其宜。”由此可见，是较为尊重少数民族的宗教信仰和习俗的。

每个人安居在自己的乡土之中，才能舒展得宜的天性。故而“越人安越，楚人安楚，君子安雅，是非知能材性然也，是注错习俗之节异也。”——《荀子》(荣辱篇)

《吕氏春秋·为欲》中也说:“蛮夷反舌殊俗异习之国，其衣服冠带、宫室居处、舟车器械、声色滋味皆异。”作者在进行民族划分时，综合地考察了自然环境、生产方式、生活方式和风俗习惯等诸因素，从理性主义而非种族主义层面指出:“中国、夷、蛮、戎、狄，皆有安居、和味、宜服、利用、备器。五方之民，言语不通，嗜欲不同。”说明不同的自然环境和地理气候中会孕育出不同的文化和传统，以及地区与民族之间存在着客观的差异。可以说，中华传统民居室内环境的形成过程，既是各民族文化精华的荟萃过程，又是各地区文化相互影响、相互冲突和融合的交互过程。

自古以来，中国中南和西南部分地区，地势垂直，高差明显，雨量充沛，河流众多，气候炎热，土地蒸腾，土多湿瘴，猛兽异虫泛滥。针对地形变化和气候特点，广大中西南地区各民族普遍采用趋利避害的干栏式住宅形式，有效地解决了高度适应性、水平空间、竖向空间、洪水、虫害牲畜及炎热湿瘴等问题，在长期的实践活动中，依据本民族、本地区的自然条件、文化特质及生活习俗予以改进和提高，呈现出多姿多彩的室内陈设风貌、样式和工艺技术。

干栏式住宅是一种遍布世界各地的建筑形式。古代中国在中原地区亦多用此形式，“以后北方气候渐寒……明清以来则多见于南方地区（东北今日也有，不过数量很少）”譬如聚居于今云南省西部和南部的西双版纳傣族自治州、德宏傣族景颇族自治州、耿马傣族佤族自治县、孟连傣族拉祜族佤族自治县和元江哈尼族彝族傣族自治县等地区的傣族、基诺族及阿昌族等人民，长期以来充分利用纵横河谷、肥沃土地、充沛雨水、茂密林木等物质条件和自然资源，普遍运用竹材和木材构筑干栏式住宅（习称竹楼）。傣族干栏式楼居今多用木材（以前为竹材）搭建，上层住人，下层圈养牲畜和堆放杂物。在景洪市橄榄坝和曼桂村的楼居内，柱子梁檩皆用粗硕木材，楼板、墙壁则是竹木都有，室内纵向分堂屋和卧室两部分。堂屋近门中央处有火塘一方，以木框架填土少许与楼面平。内置三架铁架，供烹饪、烧茶、照明和取暖，也有部分家庭在火塘上方悬吊一个方架，用来烘烤谷物等。傣人素喜围火塘团坐，席地而居，亲切祥和。卧室与堂屋并列同长，宽为一柱排距，向外扩大 1~1.5 米。堂屋与卧室的隔墙上设门两樘，门上悬挂布帘，以遮视线。门两侧分设男柱和女柱，分别为家庭男女成员出入通道。若家中有女未出阁，则其卧室断不能入。

傣族民居二楼室内陈设极为简略，除了饭锅、碗碟、水罐等少量器皿用具，轻巧低矮的桌、橱、柜、箱等家具，别无他物，颇有空疏、通透之感，又因界面和用具多用自然材质如竹篾等构成，自然气息浓郁，清新而质朴。

同处西南地区干栏式住宅集聚的黔东南、湘西、桂北、渝东南等地的苗、侗、土家、水、壮和汉民族，尤以半楼居干栏式（又称吊脚楼）山地住宅最为普遍。在建筑布局上，表现出对大自然的依恋和遵从，他们注意房屋与自然在空间上的调和关系，顺应自然，依山就势，随地形和功能的需要而灵活布局，与自然环境构成一幅谐调灵动的画卷，是适应环境气候条件的经验结晶。

黔东南苗族侗族自治州域内的苗族吊脚楼，楼底架空，底层圈畜。楼层界分内外两部分，外面面阔两或三间，明间堂屋，次间卧室。与堂屋合二为一的是开放式前廊上面设置曲线优美的美人靠。宽敞明亮的前廊是款客、生活和休憩之处，半室内空间与室外空间互融渗透。堂屋既是家庭的公共空间，也是人神共栖的神圣空间，典庆等均在此举行。堂屋大门连为木制牛角，连腰门也仿制牛角状。苗俗以为，世上唯水牛力大无比，由其护门，自然人财无恙。楼居里面为通间，设火塘、火灶，置放橱柜、水缸、酸坛、炊具等，是平常起居生活的场所。苗族家境殷实者，家具颇为讲究。如靠背椅的椅背大多分格，中部雕镂狗形浮雕图案。床具的床屏呈山状，床前顶楣处透雕葫芦、狗头鸟身图案，映射出对原始“槃瓠图腾”崇敬的心理和笃信“蝴蝶妈妈”的远古传说、信仰。

相比较而言，位处西陲的四川民居及室内环境更加丰富多样。省辖境内地势西高东低，海拔在200~4 000米之间，大部分地区年降水量在1 000毫米以上，盆地西南部日照量最少处不足1 000小时 / 年，总辐射量仅约80千卡 / 平方公里，是全国日照时数和总辐射量最少的地区。如此的自然条件，是形成全省井干式、干栏式、四合院式、碉房和帐篷五大类居住形态的重要因素。同时，四川又是一个多民族杂居的地区，历经民族关系的发展和演变，至今计有汉、藏、羌、彝、蒙（摩梭人）、纳西等数十个民族和睦共处于斯。人们因所处自然地理、气候和风俗等的不同，住宅形式自然也就千家万色：同样是藏民居，有南北藏之别。复因地方材料的关系，又有木楼和碉楼之异。此外，理塘一带草原还有帐篷。早在先秦时期，四川已与中原文化相连，北部的广元、江油、阆中等地的部分民居兼有北方矮檐厚墙的特色，西昌、会理、攀枝花一线的民居，又融入了云南大理、丽江地区的民族建筑特色。

多民族的同处共生以及历代尤其是明末清初湖、广、赣、黔、陕、陇等各地移民的相继入川，民居样式与室内环境更加丰富多样。

适应于干旱或高寒地区生态环境和逐水草随时转移的、以畜牧业为经济模式的蒙古、哈萨克、柯尔克孜、藏、裕固、鄂伦春和鄂温克等北方少数（游牧）民族，其居大多是容易搭建拆卸、便于捆扎搬运的以毡包为围护材料的毡帐和以树皮、兽皮等作围护的窝棚。这些毡包外观相似、构造相近，功能也并无多大差异，但是在内部布置和陈设上，以及由此折射出的人文传统、风尚习俗上，却又同中存异、交相辉映。

在蒙古族的蒙古包内，习惯上分划为前、后、左、右、中和左前、右前、左后、右后九个方位。顶窗“套脑”下中间为火位，放置煮食取暖的火炉；火位前多为面南的包门所在，包门两侧安置奶桶等，右侧布置案桌橱柜，为炊事区域；火位的左、右、后和左后、右后等五侧的区位，整齐地摆设箱柜，前面铺敷毡毯以作包内的活动区域，也是夜晚就寝之所。蒙古族素来尊右为贵，以上为尊。因此包内正对火位处为尊位，是男性长辈坐卧之所，也是款客的地方。

与蒙古包门向南不同的是，同源于古代“穹庐”的新疆哈萨克民族的毡房门口均朝向太阳升起的方向，并且更注重落址的环境选择，通常坐落于潺潺的溪流边；毡房内部虽然略欠宽敞，但由于哈萨克民族对布置陈设及其方位有一定的要求和规范，因此反而显得井井有条、各得其所。一般中央正对火炉为界，火炉以外前处置放用具，具体为进门左侧置陈猎具、马具类，进门右侧设置桌案、水桶和食品柜箱等炊事用具；火炉以内后处为起居走域，入口右侧后为老人使用的床位，床位和木箱被褥前挂有帐幔，环绕火炉呈“凹”形区域中，正中为长者席位，款客做礼拜皆在此位，也是客人留宿的铺位所在。正席右侧居儿媳，孩童、女主人居左侧等。

游牧于南疆的柯尔克孜族牧民居憩的毡房内部，喜用图案优美、色泽鲜丽的壁毡和织布布置装饰在后半墙面上，墙架前依次堆陈木箱、被褥枕头等，构成斑斓的装饰景观；三面环火炉倒“凹”形字面铺敷着民族风格浓郁的地毯，也有在地毯上另置坐垫者，是为家庭成员生活起居之处。与蒙古、哈萨克等民族不同的是，柯尔克孜族牧民习用芨芨草编织而成的草帘将置放在炊事区域的器物围隔起来，以葆视觉的愉悦性。

在一体多元和多中心的中国古代文化和人居环境的构筑中，依稀可见地呈现着一种向心性——以中原地带汉民族文化和室内陈设为中心，边远地区和少数民族的文化形态和室内陈设，逐渐向中心看齐。在保持和维护本地区、本民族室内陈设的习俗风尚的同时，有机地吸收、融合了来自中原地带汉民族文化和室内陈设的风格和工艺，凸现出兼容并包的室内设计的特性。这也是历经频仍的政权动荡和王朝更迭后，传统室内陈设风格依然能够持续发展的直接因素之一。

第二节 家具与灯饰的传统美学与现代设计的呈现

一、家具与室内陈设

通过多种途径和方式保留传承下来的明代家具，品类丰富。以制作材料分，有柳、竹、藤、硬木、柴木、大漆家具等；以使用功能分，则有椅凳、几案、橱柜、床榻、台架和屏座六类。

椅凳类是家具中与人关系最密切的类别，也是家具中制作难度最大、较能体现家具设计和技术水准的类别，主要由凳、墩、椅、宝座四类组成。

几案类主要功能是板面承放器物。通常有几、桌、案三个系列。

橱柜以贮藏物品为主。明代橱柜可细分为小庋具、箱、格、圆角柜、方角柜、闷户橱六类。

明代的卧具主要由床与榻两大类组成。其中床类分儿童床、架子床、拔步床三个系列；榻类则有平榻、杨妃榻、弥勒榻之别。

台架类为明代轻便类家具，主要由面盆架、镜架、衣架和灯架等组成。

明代屏座家具分为座屏和折屏两大类。

明代家具的成就是多方面的。其中合理的功能、简练优美的造型是明代家具的重要特征。

明代黄花梨透雕靠背圈椅，椅圈圆中寓扁，椅曲由搭脑向前方两侧延伸，顺势而下与扶手连接融合成一条多圆心的优美曲线，巧构成一婉转流畅的圆圈。大曲率的椅圈轮廓，成为圈椅造型的主题，其他构件都与之相呼应。

传统工匠在吸取古代木构架建筑特点的基础上，处理椅凳、几案、橱柜、台架等类家具时大多施以收分。比如明代家具腿部收分通常依腿部长短而定，从下到上逐渐收细，向内略倾；四腿下端比上端略粗，并向外拄，使家具获得稳定、挺拔的功效和感觉。

在注重大的体积、造型和关系的同时，明代家具的细微部分也往往十分精致。通常，凡是与人体接触频繁的部位，如杆件、构件、线脚、座面等，皆处理得圆润而悦目。例如椅类家具中椅座的优劣，直接影响到使用椅子的舒适程度。明椅座面多采用上藤下棕的双层屉做法，使座面具有一定的弹性，人坐其上略微下沉，辄使重量集中在坐骨骨节，压力分布良好，即使憩坐时间较长也不易感觉疲乏。

严谨的结构、合理的榫卯、精良的做工和丰富的装饰手法是明代家具获得盛誉的主要原因。

明代家具中的束腰结构是在座面与脚部之间向内收缩，腿脚方材为主。明代家具历经数百年的使用，流传至今仍很坚固，除了优良的材质以外，榫卯的科学合理性可谓功大焉。其制作经验来自宋代小木工艺。木作匠师能将复杂而巧妙的榫卯熟练自如地制造而成椅。构件之间不用金属钉子。以走马销为例，系另用木块做成榫头栽到构件上去，一般安装在可装可卸的两构件之间。其做法是榫销下大上小，榫眼开口半边大半边小。榫销从榫眼开口大的也仅为辅助手段，一般依榫卯就可以做到上下左右、粗细斜直的合理联结。制作工艺之精确、扣合之严密，实可谓严丝合缝。

明代家具装饰适宜，手法多样。首先，明代家具的结构与装饰通常表现为一致性而非纯粹的附加物。例如横竖木支架交角处，即运用多种牙头牙条，不仅起到了装饰美化的作用，而且在结构上也支撑了一定的重量以俾增加牢度。其次，以较小的面积饰以精细雕镂，装饰在合适的部位，与大面积、大块面和大曲率的整体构成对比，简而不繁，素中寓华。再次，巧妙运用以铜为主的金属饰件，如箱子的抢角和桌案的脚，橱、柜、箱、闷户橱的面页、合页、提手和环扣等，其形有圆形、长方形、如意形、海棠形、环形、桃形、葫芦形、蝙蝠形等，既增强了金属饰件的艺术感染力，发挥了良好的装饰意趣，又起到了保护家具、强化家具功能的作用。

根据清代家具的造型风格，一般将之划分为清初、乾隆、嘉道和晚清四个段落。清初顺、康、雍的家具，工艺制作、造型风格基本传承明代样式，工匠为明天启、崇祯时期者及传其钵者，故家具史学者将其归入明式家具的范畴。精作新颖、质美工巧、富丽堂皇者为乾隆制品，为清代家具的代表。

清代家具在形制、材料、工艺和技术等方面，都具有不同于明代的风格和魅力。概而言之，清代家具变肃穆为流畅，化简素为雍贵，从适用转向厚重，衍清新典雅转富丽

繁华。在尺度体量上，清代家具趋于宽、高、大、厚，与此相应，其局部尺寸、部件用料也随之加大加宽。如清三屏背式太师椅，浑厚的三屏背、粗硕流畅的腿脚、扶手等浑然一体，协调一致，构成稳定、大气、宽厚的气势。

清代家具繁缛富丽，气派非凡。如嵌云石屏背官帽椅，椅背整体为一方框，内中套方框，嵌山水纹样云石；扶手前低后高，扶手下联结等分四根联帮棍，椅盘攒框，椅腿脚直落到底，罗锅枨加矮老和椅盘下横枨相接。整个椅子除椅背为方形，其余扶手相、鹅脖、联帮棍、罗锅枨矮老及椅腿和踏脚枨皆为圆形。造型方圆结合，舒展而柔婉，富丽且流畅。

就家具品种、类型而言，清代家具之丰无可比拟。凳子除方、圆凳外，还有桃式凳、梅花凳、海棠式凳等新品；椅类仅太师椅就有三屏风式靠背太师椅、拐子背式太师椅、花饰扶手靠背太师椅、透雕喜字扶手太师椅、五屏风式书卷头彩绘瓷面扶手椅、独屏雕刻扶手太师椅等。这些新品是在继承明代家具传统的基础上锐意创新的成果，部分家具无论在功能、工艺和造型上，还是在装饰方面都达到了历史上最好的水平。

清代园林庭院的兴盛，成为家具发展的一个契机。清代园林家具经由文人士大夫参与设计，益彰典雅和隽永。与此同时，竹器类家具以毛竹、麻竹等为原料，利用竹材光洁凉爽的特色及竹青、内黄的不同特性，经郁制、拼嵌、装修和火制等工序制作完成，主要产品为椅、床、桌、几和屏风。

此外，藤柳家具也得以长足发展。清代藤柳家具的设计与使用者多为文士，以求书斋自然之美。通常以树根藤瘦为材，精心选料，因材施艺，去虚根，废朽枝，整赘木，理节瘤，经数度处理与髹漆，常能别开生面，获得特殊的艺术效果。

家具发展至清乾隆时期，民间和宫廷家具工艺体系逐渐明朗和完备。又因疆域辽阔，习俗各异，民间家具又有不同地域之别。总体上看，大致可分成苏式、扬式、宁式、晋式、徽式、京式、广式和冀式等流派。尤以苏式、京式和广式为翘楚。

苏式家具，泛指以苏南为中心的长江中下游周边生产的家具，包括苏州、常州、松江、常熟、杭州等地区。其式有三，第一类多从明式；第二类大体保留明式主要特征，予以部分清式的改良处理；第三类为庞大、厚重、富丽、华美之乾隆时期特征。苏式家具漆技艺精湛，主要运用生漆，将雕琢图案花饰的地子打磨平整，上漆打磨多至一二十道工序，前后可达数月。所用镶嵌材料多为玉石、象牙、牛骨、螺钿、彩石等；装饰题材以历史人物故事、山水花鸟、神话传说、梅兰竹菊、缠枝莲花、葡萄图案为常见，有吉庆万寿之意。

京式家具造型庄重，体量宽大，材质首重紫檀，次为红木、花梨。家具不尚髹漆而取传统的磨光和烫蜡工艺，结构用鳔，镂空用弓。装饰题材主要是夔龙、夔凤、拐子纹、蟠纹、夔纹、兽面纹、雷纹、蝉纹、勾卷纹等，也采用景泰蓝和大理石镶嵌工艺，借以增加艺术感染力。

清代家具以广式家具为代表。它在传统家具的基础上，大量吸收外来的家具制作技艺，运用多种装饰材料组合并蓄，融中西多种工艺表现手法于一体，形成了具有鲜明地域特色和强烈时代气息的广式家具风格。

广州地区硬木来源充沛，所以在用材上讲求木质的一致性且追求高品质。为充分显示硬木的天然肌理和色泽美，制作时不髹漆里，上面漆不上灰粉，经打磨后径直揩漆，木质肌理得以完整裸显。

晚清以来家具伴随社会的变革，也发生了不同程度的演变。一方面，西式家具大量涌入，这些舶来物广泛运用曲线直线，突出强调凸现层次起伏。橱柜制作大量吸收旋木半柱和带有对称曲线的雕饰。床榻主体、屏架开始应用浮雕镂刻涡卷纹与平齿凹槽的床柱。采用拱圆线脚装饰立面，螺纹、蛋形纹作桌面端部装饰点缀等。另一方面，广大木工匠师也在家具形态上保持传统形制，在局部运用中西混合的雕饰手法，在题材内容、装饰工艺上，仍然保留着传统的瑞庆纹样、装饰特性，充分考虑了使用者的心理习惯和使用习俗。

广大少数民族家具深深扎根于民间，因地制宜，世代相沿，广泛地集中了民间木器构作经验，显示出各地的地方特色和风情。

新疆维吾尔族起居取盘足而坐、箕踞平坐和一腿平伸与一腿屈膝而坐等形式，坐于地板、炕面或毡毯上。家具数量较少，一般无专用椅、凳、床，毡毯既作坐具又成卧具，常以一矮小方桌或长方桌为主，辅之无脚或高低不一的橱柜，通常有炕桌、食物柜、贮藏柜、木箱、花架、儿童床等。碗碟等日常生活用具置放在壁龛中，形成贮存与视觉赏析合二为一的格局和风貌。

散居分布在湖南、湖北、重庆一带的土家族，室内家具品类丰富，堂屋、书房、卧室等不同功能区域室内均有与之相适应的家具，且尺度普遍趋大。在这些家具中，尤以富有湘西土家族民族和地域特色的滴水床最具魅力。

土家族的滴水床有三、五、七、九滴奇数之异，其名源自建筑屋檐的滴水构造。床正面分三晋，由基本床架、三层檐板和四块侧板装配组合。床的第一晋，五格横屏高居床顶，屏内每格均镂雕花果丛树图案，屏侧镶嵌三角长形，前屏外廓构成上大下小倒梯状；二、三晋均为半门拱形垂花罩，辅以踏脚及栏板。正面进深深邃，形成围中有透、隔中存联和保暖通风俱佳、私密性强的特征。

白族家具配套比较齐全，注重使用功能，在造型、技术、工艺及陈设摆设诸方面趋于成熟和程式化。堂屋中，既有高大条案（或神龛）和太师椅，也有左右布置的低矮春凳；居中安排两体相叠加的双套桌，在高低家具之间起着协调和缓冲中介的功能。一方面适合于低矮人员的使用，另一方面又可分地改变用途，以收一物多用和高低通用的功

效。卧室中，床具设计制作较为考究。如形似汉族拔步床的龙床，上部雕饰有双龙戏珠等图案。白族家具装饰以雕刻见长，深雕、浮雕、透雕相结合，动物、植物皆具，形象生动，构图饱满，技法娴熟。尤其在具有千年历史的剑川县木雕家具中，常配以彩花石、纯白玉和大理石镶嵌，木石对比，质地细密，朴茂而精致。

西藏、青海、四川、云南、甘肃等地的藏族家具，以箱、柜、桌等较具特色。

藏箱约始于17~18世纪，规格、用途与汉族木箱近似。通常用牛皮制作，上面饰彩绘，或直接绘制，或在上面披层麻布，罩层油灰，使油彩增加黏着力。箱体图案繁密，彩绘精美，浓华而厚重。藏柜材料以松木和软木为主，规格大小不一，以置放贮存食物、法器等。门内中间开启，两边为枢轴结构，插在图形的凹口里；柜内设搁板，界分上下；柜底通常有三个窄长的抽屉，抽屉底部中空。柜面满饰花卉、卷草和动物纹样，精雕细镂，复髹以朱、橙、黄赭、绿色，富丽缜密。藏桌的造型比较丰富，固定与可折叠的都有。与藏箱、藏柜相似的是，藏桌的雕镂也十分繁复，常用题材包括龙凤及异怪动物图案、树叶青竹等植物图案。

骑马民族在“马工行国”与“农业城国”相结合的过程中，创造了具有“马背文化”特色的家具。蒙古族的家具，如炕桌、炕几、条案、梳头匣等，显示蒙古族习俗以及中原文化等多元文化融合的特征。在材质处理上，一般用松木制作箱、桌、椅、橱等大件家具，以杨木做化妆匣、食具盒等小件家具器物；松、杨木制作家具，通常在表面多以裱糊、披麻披灰等，再髹以彩绘，构成蒙古族家具造型粗硕、厚漆重彩的特点；复因生活习俗和方式的影响，家具形制偏向低矮、便于携带和移动等。

高坐家具在室内的布置组合，于隋唐五代已渐露端倪。在唐代周昉的《挥扇仕女图》、五代周文矩的《宫中图》《重屏会棋图》、顾闳中的《韩熙载夜宴图》《琉璃堂人物图卷》、王齐翰的《勘书图》等画中看，当时主要是一人一椅、一椅一桌，床榻前侧设案，脚下承足，和后有座屏围屏的组合；根据功能的不同要求和需要，或座或围。围屏为多扇形，可折叠成围合状，形成向心。总体上观照，尚处于以床榻屏风为中心的时期和阶段。

两宋阶段的家具布置陈设，突破了以床榻屏风为起居中心和陈设布置重点的模式，确立了垂足而坐、以桌案椅类家具构成陈设和活动中心的格局。在宋代绘画如《羲之写照图》（天籁阁旧藏宋人画册）《五学士图》《十八学士图》《蕉荫击球图》《高会习琴图》《西园雅集》《清明上河图》和《中兴祯应图》中，以及河南禹州白沙宋墓中两人（椅）一桌（几）的壁画图像、常州溧阳市竹箐乡李彬墓出土的宋代陶制楼、台、亭、榭中布置的陶桌、陶椅及人物中，可以看到宋时室内陈设与家具布置状况：一桌一椅、一桌二椅或一桌三椅及多椅，辅以必要的凳、几、案、墩，主桌案后依袭古制设置屏风，在一定程度上开始形成对室内空间的围合与分隔；在构筑视觉聚焦和向心力的同时，借助不同的家具布置显示和完成了主宾、轻重、尊卑、上下及左右等关系及其建构，使儒家的礼制—等级制度体系得以物化。自然，这种布置格局和形式，也直接影响了明清时期室内，尤其是厅堂等正统居处的陈设和布置。

明代室内家具的组合设置，长洲（今苏州）文震亨曾经有言："位置之法，繁简不同，寒暑各异，高堂广榭，曲房奥室，各有所宜。"作者的意思大概指的是布置室内及家具要因地制宜，根据实际情况定夺，点出了家具布置应满足使用功能需要的要求和目的。在明容与堂刻本《水浒传》插图中描绘的室内家具图像中，座屏风置于正中，周围有罗汉床、条桌、书桌等。室内为"……面南设卧榻一，榻后别留半室，人所不至，以置熏笼、衣架、盥匜、箱奁、书灯之属，榻步仅置一小几，不设一物，小方杌二，小橱一"。又据《长物志》载："厅堂，在明间置大条案，左右两把灯挂椅，或大条案前陈方桌，左右两把圈椅。"这种布置方式传承了宋元时一桌两椅或一桌四凳为一家具组合的形式，对称均衡与中心方位的概念系统在家具格局中已经得到初步映现。不过，明代家具组合及其陈设还处于较为随意，或者说尚未完全构成成组全套的布置格局的阶段。至于二几四椅、四几八椅以及圆桌辅以八圆凳等为一堂的布置，似在明末清初阶段方逐渐形成并兴盛。

明季各地书肆中各类刻本中有关家具使用和布置的图像十分丰富，值得重视。剔除画师刻工的主观想象、自由发挥和相互抄袭的可能和偶然，从中梳理、廓清接近明时家具的布置使用状况，还是有价值的。比如万历间金陵书肆长春堂刻本《玉簪记》中竹背椅（一对）呈夹角布置状，万历间吕坤《闺范》重刻本中居中长者坐出头靠背椅、边侧女子坐圆形束腰四足凳等。当然，比较多的还是文士、文房书斋及其家具。这在《麟堂秋宴图》中围屏、方桌和直后背交椅、仇英《梧竹草堂图》中书桌和交椅式躺椅以及《金瓶梅》《忠义水浒全传》《西厢记》《南柯梦》和《绣襦记》等刻本中，都有十分细致、全面的记录和描绘。

总之，明中期后经济和社会的发展，家具数量与质量的急剧扩大和提高，一方面促进了家具的消费和使用，另一方面成就了古代家具组合布置的系统性，即无论是厅堂，还是卧室、书房，抑或厢房等，家具的布置都已经具备了一定的程式，其主体格局一直延伸、影响到20世纪中叶。

二、灯烛与室内陈设

自"钻燧取火"即用火技术掌握以后，为灯、烛的发明和运用创造了必要的条件。综合文献和考古成果，可知中国古代照明设备中，烛先于灯。从各地发掘整理的灯烛实物看，先秦、秦、汉等时期的灯烛以青铜宫灯为代表。三国两晋南北朝始，灯烛材料趋于多元化，陶、瓷、铜、锡、银、铁、木、玉、石、玻璃等竞放异彩。形式上以油灯和烛台为主，同时，蜡烛得到推广运用。隋唐宋元灯烛使用者迅速扩大。李商隐的"春蚕到死丝方尽，蜡炬成灰泪始干"和杜甫的"夜阑更秉烛，相对如梦寐"等诗句，侧面印证了灯烛的普及。长沙窑产的烛台，底座有三矮足承盘，盘内隆起刻瓣覆莲，传世精品甚众。

明清时期灯烛以陶瓷为主体。比较常见的是读书写字用的瓷器书灯。通常将灯盏制成小壶形。壶直口，带圆顶盖，腹扁圆，短柱，前带管状平嘴，后有弓形执手。灯芯从壶嘴插入壶中，形态精巧雅致，装饰优美，具有实用、美观、省油、清洁的特点。

明清时期陶瓷灯具造型多样，形式丰富，但基本构架大致相仿，主要由圆底灯碗、灯柱及灯台构成。近人许之衡在《饮流斋说瓷》中谈及明清陶瓷灯具时指出："瓷灯有仿汉雁足者，其釉色则仿汝之类，大抵明代杂窑也。至清乾嘉贵尚五彩制，虽华腴而乏朴茂式，亦趋时不古矣。"

明清两代金属灯具大抵有铜、银、铁、锡等材质。造型也十分丰富。明高濂《遵生八笺》之五《燕闲清赏笺》书灯条目曰："用古铜驼灯、羊灯、龟灯、诸葛军中行灯、凤鸟灯，有圆灯盘……观青绿铜荷一片，集架花朵坐上取古人金荷之意用，亦不俗。"在蜡烛工艺改良和提高的基础上，明清的烛台架有了根本性的改观，出现了与室内环境及家具布置浑然一体的灯烛样式，庶几可称之为明清落地灯。

这时的立灯，又谓灯台、戳灯、蜡台，民间称为"灯杆"，南方部分地区亦称"满堂红"。一般有固定式和升降式两种类型为主要类型和结构。固定式灯烛结构是十字形（也有三角状）的座墩，也有带圆托泥的底座。中立灯柄灯笼，以三四块站牙挟抵。灯柄不能升降，灯柄上端一为直端式，柄端置烛盘，下饰花牙装饰，烛盘心有烛针，以固蜡烛，外覆以羊、牛角灯罩围护之；灯柄上端亦有曲端式，上端弯曲下垂，灯罩则悬垂其下。

升降式灯烛，顾名思义，即灯柄能升降。主体结构形体竖立，灯柄下端有横杆呈丁字形，横杆两端出榫，可在灯架主体立框内侧长槽内上下滑移。灯柄从主体上横框中心的圆洞中凿穿，孔旁设一下小上大的木楔，一俟灯柄提到所需高度时，按下木楔，通过阻力，灯柄即固定在所需高度和部位。

除了置立于地上的立灯外，还有放置在桌案几架上的座灯、悬挂于厅堂楼榭顶棚横梁下的宫灯、安放在墙面壁龛中的壁灯，以及手持的把灯、行路的提灯，包括各类民间灯彩。

置于桌案几架上的座灯，造型有亭子式、六角台座式等，灯台以硬木或其他木材略事雕饰而成。传统灯烛在建筑装修和环境氛围方面效果明显者，当首推宫灯。晚清，宫灯样式流传市肆坊巷、集镇村落。一般略具规模的宅第民居厅堂等处的屋顶横梁中，均有铁制构件固定，以裨吊挂宫灯。这就是李渔所说的："大约场上之灯，高悬者多，卑立者少。"原因之一是"灯烛辉煌，宾筵之首事也。然每见衣冠盛集，列山珍海错，倾玉醴琼浆，几部鼓吹，频歌叠奏，事事皆称绝畅，而独于歌台色相，稍近模糊。"宫灯悬挂厅堂顶棚上，照明效果上相对全面和完整些。

所谓壁灯，是指安放在墙面壁龛中的照明什物，既可以是瓷灯，也可以是油灯。

中国古代灯烛燃料，主要由动物油脂和植物油构成。唐以后，逐渐盛行用软纤维灯芯搭附在盏沿边燃烧；至于蜡烛，宋元前以蜂蜡、白蜡为主要原料，明清时，南方率先使用植物油制作蜡烛。

民间灯彩既是一种照明器具，又是中华传统节日的应时之物。每逢节日或婚寿喜庆之际，均张灯结彩，以示庆贺。一方面增润、装饰、美化了建筑及其环境，渲染了祥和、欢愉的氛围；另一方面也使重要的节令风俗、人生礼仪得以彰显而熠熠生辉，具有独特的使用功能和审美价值。

民间灯彩是融剪纸、绘画、书法、纸扎、裱糊、雕刻、镶嵌等艺术手法于一体的民间手工制品。最初由宫廷灯彩发展而来。至两宋臻于高潮，成为社会性的文娱庆典活动和民俗风情的内容，具有广泛的群众基础。

从民间灯彩的造型形态、主要用材、装饰特质以及使用特点等方面看，大致可归纳为走马灯、篾丝灯、珠子灯、万眼罗、羊皮灯、料丝灯、墨纱灯和夹纱灯等。走马灯，又称影灯、马骑灯、转灯、燃气灯等。

《燕京岁时记》载：“走马灯者，剪纸为轮，以烛嘘之，则车驰马骤，团团不休。烛灭则顿止矣。”走马灯基本构造为在一个立轴上部横亘一叶轮，叶轮下、立轴底座旁安置烛座，火烛甫燃，热气自然升腾，随之叶轮转动旋回。灯部中柱有纸剪人马图形，伴随旋回，夜间点烛使其影像射至纸质裱糊的灯壁上。

其他各地具有特色的灯彩尚有：南京荷花灯、兔子灯，系用色纸糊制，轻巧艳丽；扬州羊角灯，温润而透明，造型意趣盎然；安徽玻璃灯，以玻璃管代替竹木以做骨架，点亮后通体透亮；福建白玉灯，为纯白玉雕成，光耀夺目；北京蛋壳灯，在蛋壳粘贴的基础上，再施浮雕上彩，富丽辉煌，式样繁多，造型各异。

第三节　高雅艺术与室内陈设的融合

一、琴棋书画、书画装裱与室内陈设

中国古乐器之一的琴，自古以来素为文人士大夫阶层所喜爱。孔子自称在齐闻韶乐而三月不知肉味，遂向琴师师襄学习《文王操》；荀子在《乐论》篇中有“君子以钟鼓道志，以琴瑟乐心”的说法，意思是钟鼓为金石之声，雄深壮美，适于言志；琴瑟则平淡雅和，宜于养心。《白虎通》载：“琴，禁也，禁止于邪，以正人心也。”养心与正心，其义一也。在这个意义上，则唐代常建的《江上琴兴》诗和南宋朱熹的《康塘百琴楼

歌》，其意亦为一脉。

就琴本身而言，中国古琴构造简单，音律平和舒缓。因此，所表现的琴声要义精蕴实在于意而次在于技。弹奏抚琴，技法愈简单，意境愈深远闳阔，表达了文士适于审美极境的心理。韩愈在《听颖师弹琴》中，曾经描述过琴之表现力："昵昵儿女语，恩怨相尔汝。划然变轩昂，勇士赴敌场。浮云柳絮无根蒂，天地阔远随飞扬。"可见，由抚琴鼓瑟而来的修身养性，或者说琴声具有的净化心灵的功效，使人进入人神和谐、物我相融和琴道一致的意境之中，置身于一种情感升华的佳境。

古人置琴不弹，抚而和之，是一种自我排遣和沉醉，凸现了一种风范、一种境界。这种高蹈、超脱的心态，是智慧的显现折射，一种精神自由、生活自然并映射着"独与天地精神往来"的崇高与散淡。因此，琴也就成为室内上佳的陈设艺术品了。有琴必有桌。宋代徽宗赵佶的《听琴图轴》，宋画《高会习琴图》等绘画中都描绘了雅士高贤抚琴及琴桌的造型与形式。文震亨和王佐都曾对琴桌的取材、形制及使用做过详细的描述。琴桌高度较低，装饰简练。桌面上下两层，形成共鸣箱（见赵佶《听琴图轴》和《五知斋琴谱》），也有在共鸣箱中设铜条或铜丝弹簧，以增强共鸣和回声效果的；共鸣箱上托郭公砖，名"琴砖"。琴桌面板右侧开孔，以容琴首琴轸，大边的右侧可伸手出入以禅调琴。

民间素有"尧造围棋"一说，相传已有四千多年的历史。晋张华《博物志》载："尧造围棋，以教子丹朱。或曰舜以子商均愚，故作围棋以教之。"与琴相比，作为古老娱乐器具的围棋，更具国民性。围棋以黑白圆形为子，纵横方格为盘，取天地之势。梁武帝在《围棋赋》中曰："圆奁象天，方局法地。"有人认为围棋从外在形式到格局，与先天八卦的"河图"及后天八卦的"洛书"有相似之处。不过，国人多将弈棋作为一种闲情逸致，以求身心的欢娱消遣方式。苏轼嗜棋，仅是因为对弈时"优哉游哉"。明代唐寅也大体如此："眼前富贵一枰棋，身后功名半张纸。"折射出文人士子放达洒脱的心态和处世观：人生如棋，宠辱穷达，进退不羁；旦夕祸福，变化无常，不必过于计较棋局的胜负。

清初文士李渔在谈到琴棋两艺时，颇具自己独特的观点，他认为，弹琴原本为了"养性"，但弹时却"必正襟危坐"，这与修身养性时全身放松相悖。"而与人围棋赌胜，不肯以一着相饶者，是与让千乘之国，而争箪食豆羹者何异哉？"因此，李渔指出："喜弹不若喜听，善弈不如善观。人胜而我为之喜，人败而我不必为之忧"，这样，常居胜地，即常保持主动，不会有脸红耳赤，"整槊横戈"之类现象发生。

通常弈棋并无固定场所。不过一般不会安排在厅堂等正统居处及环境中，而多见于诸如书斋文房、亭台楼阁等休闲空间中，弈棋活动与室内环境的特质和氛围也趋于近似，着眼于轻松、闲适、散淡和自然意趣的营构和渲染。

数千年的书艺发展进程中，古人对书法从执笔、用笔到笔画的造型，积累了丰富的经验，形成了一整套约定俗成的法则。如用笔有中锋、侧锋、藏锋、出锋、圆笔、方笔等，一般以中锋为主，侧锋太多则显乏力。为保证以中锋为主，也形成了最佳执笔方法，如“拨镫法”，就包括擫、押、钩、揭、抵、拒、导、送等运指法，将汉字笔画归纳为“永字八法”，有侧、勒、努、超、策、掠、啄、磔八种笔画。

在书法漫长的历史演进过程中，形成了碑学和帖学两大系统，通常摹刻上石者称之为碑，简牍文字称之为帖，并逐渐形成完善了一整套书写的规则。无论何种书体，无论何种风格，书法最终要具有“神采”“韵致”“气韵”。正如唐代书论家张怀瓘所说的那样：“深知书者，惟观神采，不见字形。”宋代四大书家之一的蔡襄也说过：“学书之要，惟取神气为佳。若摹象体势，虽形似而无精神，乃不知书之所为耳。”

作为一种文化现象和形式，源远流长的中国古代绘画艺术契合了传统的文化价值观、审美观、思维方式和艺术方法。从类别上看，既有讲究法度、崇尚形似、精致缜密的院体画、正规画，也有重在抒情写意、脱略形迹的文人画。相对来说，晋唐两宋的绘画注重形似逼真而写实，进而臻于气韵生动，这种高度形神兼备的客观物象的再现，使得画家多以九朽一罢、三矾九染之功，兢兢业业而惨淡经营；明清时期的绘画讲求神似重在“意”字，偏重于抒发内心的感受，以意象的真实替代物象的真实，全面映射在绘画本体的立意构思、题材选择、形象创造、观察方法以及笔墨技巧等表达概括方式上。

中国古代绘画体裁分科在《历代名画记》中有人物、屋宇、山水、鞍马、鬼神和花鸟等之分，后又有“十三科”的提法。从中国绘画艺术发展实际和整体状况而言，还以人物、山水、花鸟为三大主干画科。传统人物画概可分为道释、仕女、肖像、风俗和历史故事画等类。长沙出土的战国《人物龙凤帛画》是目前所见到的最早的具有独立意义的人物绘画，迄今已有两千多年。

古代书画装裱，从保存、保护、鉴赏、装饰等方面考虑，以麻纸布帛等料在背面裱褙数层。稍后，四边镶薄型之绫、绢、丝织品为外缘装潢。明方以智《通雅》中称“潢”犹“池”也，外加缘则内为池，装成卷册曰“装潢”，也叫“装池”。古迹重装，又称“装褫”。

古代书画装裱装潢历史悠久，秦汉之“经卷”“屏风”等皆需裱褙。现存最早的相关史籍记载为唐代张彦远《历代名画记》中所述。宋代是传统装裱装潢艺术的黄金时代，后逐渐繁荣于民间，形成如吴装、京装等不同区域、不同风格的流派。

传统书画装潢类别大致分为手卷、轴条、画片、册页四类。均据画心之大小、形式，以及裱件用途的实际需要而定夺，各有其素质。以轴条为例，在东晋顾恺之《列女仁智图》、五代周文矩《重屏会棋图》、王齐翰《勘书图》中，概可窥见书画屏风的形制格式；屏条至宋后逐渐流行，用以饰壁。迨至明清，扩展到四至十二幅画面成整体连屏，也称通景屏。也有按春、夏、秋、冬四时之景或篆、隶、正、草四体字屏组合成各自独立的屏条的。对联（楹联）左右各一，法书成幅，装潢成联，左右悬挂张贴。轴者，装潢加出轴头，立轴画心的四周。由圈档、隔水、天地头、包首、惊燕、天地杆、轴头和签条等构成。

二、瓶花、石玩与室内陈设

明末山阴（今浙江省绍兴市）人张岱在《陶庵梦忆》一书中，述及当年在山东兖州，见众人种芍药几近痴醉程度时叹为观止："种芍药者如种麦，以邻以亩"，至花开时节，将洁白的鲜花布置在多处："棚于路、彩于门、衣于壁、障于屏、缀于帘、簪于席、茵于阶者……余昔在兖，友人日剪数百朵送寓所……"运用芍药花布置装扮居室，蔚然成风。

明清时期，传统瓶花艺术的实践行为已经十分普遍，尤其是生活在城市山林中的文人们，与世相远而与自然相亲结缘。在他们的眼中，花卉、植物和山石等，无疑是大自然中和人最为贴切、与人最是相融相乐的内容了。文士们在观照万物的过程中，眼中的花卉、植物及山石等已不仅仅是比兴之物，而是成为各种具有鲜明艺术形象的代表。清初张潮列举了十二种花和树，以俭省、精辟的一个字予以评赏："梅令人高，兰令人幽，菊令人野，莲令人淡，春海棠令人艳，牡丹令人豪，蕉与竹令人韵，秋海棠令人媚，松令人逸，桐令人清，柳令人感。"除蕉、竹、松、桐和柳外，庶几皆为瓶花艺术的素材。当然还有其他，例如"以玛瑙为根，翡翠为叶，白玉为花，琥珀为心，而又以西子为色，以合德为香，以飞燕为态，以宓妃为名，花中无第二品矣"的水仙花等。对自然之美的细致入微生动形象的观察鉴赏、记叙描摹，具体而翔实。张潮从人的视觉和嗅觉的角度，提出可以从色和香两方面品赏："花之宜于目而复宜于鼻者：梅也，菊也，兰也，水仙也，珠兰也，木香也，玫瑰也，蜡梅也，余则皆宜于目者也。花与叶俱可观者，秋海棠为最，荷次之，海棠、酴醿、虞美人、水仙又次之。叶胜于花者，止雁来红、美人蕉而已。"

古代文士在赏花过程中长期积累而成的审美心理，赋予了各种花卉以不同的感情内容和与之相适应的情境。情境相生，和谐一致，方能取得最佳的审美效果。对此，明代松江陈继儒颇有见地，他认为："瓶花置案头，亦各有相宜者。梅芬傲雪，偏绕吟魂；杏蕊娇春，最怜妆镜；梨花带雨，青闺断肠；荷气临风，红颜露齿；海棠桃李，争艳绮席；牡丹芍药，乍迎歌扇；芳桂一枝，足开笑语；幽兰盈把，堪赠仳离。以此引类连情，境趣多合。"传统文化和审美心理，自然而然地把这些不同形态和色香的花和人的精神气质、心理情绪以及各种情境联系起来，使自然中的花具有了活的灵魂和感情，这也是陈氏所谓的"引类连情，境趣多合"。自然及花草本无情，人却有情，"以我观物，故物皆著我之色"。人们从瓶花、植物等的比兴意象中引发出内心的情感，表现对理想人格的执着追求和对人生的深刻感悟。

明清时期关于瓶花、插花的理论著述，除了袁宏道的《瓶史》、沈复的《浮生六记》外，明代文震亨的《长物志》、张岱的《陶庵梦忆》、清代李渔的《闲情偶寄》以及张潮的《幽梦影》等著述中也有精辟、详细的论述。例如："花宜瘦巧，不宜繁杂。若插一枝，须择枝柯奇古。二枝须高下合插。亦止可一二种，过多便如酒肆。""插花于瓶，必令中窾。其枝梗之有画意者，随手插入，自然合宜。"

明清文士有关瓶花、插花的理论，归纳起来，他们的审美观点大率是：讲究自然、生机、变化和韵味，应高低有序、疏密得当和错落有致。反对整齐、单调、对称和繁复。同时，也十分注重瓶花与室内环境的相互关系。

明清文士爱花、惜花，视花为天地间的至美之物，是有生命、有灵魂、具性格的对象。他们在千姿百态、绚丽多彩的瓶花世界中寻求心灵的慰藉，寻觅寄托自由精神和理想人格的天地。他们从比兴意象中引申出真挚细腻的情感，凸现出对理想人格的顽强追求、对人生和历史的深刻感悟，凝练、映现了他们的个性特征和人生理想。在赏花、布置、陈设、插花过程中体会到了生命的闲适和精神的超越，同时，也呈示出古代文士们高迈的鉴赏目力、独特的审美境界和脱俗的艺术趣味，融会着具有东方神韵的瓶花艺术的创作思路。

中华民族对石的赏玩，在世界上可谓绝无仅有。

人与石结缘于洪荒的石器时代，最初对石的认识源于制器之用。三代秦汉以来，古人对石的认识逐渐开始深化。概括地说，主要体现在三个方面，即"对物性的深化（器物之用）；对物性的理化（品性的认识）；对物性的异化（兆应所反映出来的灵性）"。与此同时，在实践中也开始了对石自身美的运用和拓展。比如以石构山、刻石镌文等。

在众多的以石言理中，以《周易》中"介于石""以中正"之说对后世影响最大。此语是"豫"卦的解释（"介于石，不终日，贞吉""不终日，贞吉，以中正"），假石的坚定不移——介，阐明君子的行为和原则。"六二"在下卦居中，阴爻阴位得正，所以此爻的品性为"中正"，与石性一致。而"介于石""以中正"作为立身准则，一在修养，即君子在任何环境中都应坚守中正，如石坚定不移般；二在处事，若遇如磐石般情势，宜及时采取应变，以趋利避凶。《周易》中以石比附人事，虽有牵强之嫌，但对石之"贞介""中正"品性、灵性的界定，深得历代各阶层人士的广泛认同。

唐代爱石蓄石玩石之风颇盛，唱酬往还不绝。一时达官文士，如颜真卿、白居易、刘禹锡、李德裕、牛僧孺辈，俱不遗余力，搜罗购置，诗文题咏。李德裕采醒酒石，构平泉别墅，并于遗嘱《戒子孙书》中谓："鬻平泉者，非吾子孙也，以平泉一树一石与人者，非佳子弟也。"诗人白居易也以石比坚贞忠烈，如《青石》诗中曰："愿为颜氏段氏碑，雕镂太尉与太师。刻此两片坚贞质，状彼二人忠烈姿。义正如石屹不转，死节如石确不移。"同时，还以石喻为伴侣，将石拟人化："回头问双石，能伴老夫否？石虽不能言，许我为三友。”（《双石》）“一片瑟瑟石，数竿青青竹。向我如有情，依然看不足。……有妻亦衰老，无子方茕独。莫掩夜窗扉，共渠相伴宿。”（《北窗竹石》）诗人也以石自比：“青石一两片，白莲三四枝。寄将东洛去，心与物相随。……莫言千里别，岁晚有心期。”（《莲石》）在《太湖石》诗中，白居易一言石的妙姿，二言石的神奇，再言才大无器之用。

唐代玩石之风虽盛，但仅限于观赏园中列石为主。白居易为牛僧孺所写的《太湖石记》，虽详石之性貌，成为唐代对石的认识的一个总结，但是，真正趋于高峰时期，还数宋代。

宋代是一个自觉的、内向反省的时代，内外兼修的宋学思想和美学自觉、基本动因在郭熙的《林泉高致》等篇中均有反映。北宋文士集团则将庭园巨石的规模缩小为几案陈设。欧阳修、黄庭坚、苏轼、米芾等，俱爱石成癖。北宋著名画家、书法家米芾以“石痴”而著称。他所宝重珍爱的一件砚山奇峰林立、池谷幽壑，他曾为斯作砚山图，并为每座峰崖湖谷命名，陈列砚山于案前，仿佛游息于真山范水之间。

米芾赏石，追求石形的完美，即要“尽天划神镂之巧”。在得知安徽灵璧多佳石之讯后，便要求到与之接壤的涟水做郡守，终日收集赏玩，品题不倦，如痴如醉。他以为，石“要秀、要皱、要透、要漏”。据《宋史》本传载，他见佳石则“具衣冠拜之，呼之为兄”。

苏轼玩石，注重石中情致。米芾在《画史》书中评议曰：“子瞻作枯木，枝干虬屈无端，石皴硬，亦怪怪奇奇无端，如其胸中盘郁也。”苏轼常将美石赠友，将石作言情寓志的载体，标志了对石的认识上升到了一个高度，形成了独特的审美形式。后世论石无一超越苏、米二家开创的境界。

至于供石的种类，明代造园家计成在《园冶·选石》章中列举了太湖石、昆山石、宜兴石、龙潭石、青龙山石、灵璧石、岘山石、宜石、英石、散兵石、黄石、旧石、锦川石、花岗石、六合石子等十余种，由于各具特色，均可挑选而为案头清供。

好石还要有合适熨帖的盆、盘、架、座烘托。硬木几架案桌，古穆沉稳，精致幽雅，古意盎然，斑竹、树根座架，绮曲婉合，轻巧自然，文雅、素朴而涵泳逸趣。概言之，崇石、赏石、玩石并清供于案桌几架，使传统建筑室内环境增润了独特的艺术氛围，渲染了高雅脱俗的人文气息。

第四节　民间艺术在室内陈设上的体现

一、民间绘画与室内陈设

中国古代民间绘画，源远流长，异常丰富。既有与建筑一体的彩绘艺术，也有装饰布置年景节庆的木板年画；既有点缀美化灶间的灶头画，更有附丽于各类生产生活及陈设器物之上与之相融合的各类绘画及图案。可谓琳琅满目，不胜枚举。总之，无论是民间绘画分布的广泛性，还是住宅室内中实际使用的普遍性，抑或是读者的数量上，都是其他绘画所无法比拟的。

中国传统民间木板年画，是古代农村集镇民众用于装饰、陈设、布置和美化年景节庆于住宅内外的一种艺术门类和样式。源于自然崇拜和神灵尊崇，古人假借神话传说等资源，依凭丰富的想象，根据符合自身主观意愿和情感的要求和依据，创制出关乎民众实际利害祸福的神仙的职能和形象。

民间木板年画，品种繁多，类别丰富，具有独特的表现形式。这种表现形式以烘托、适应、点缀、装饰室内外环境、空间、位置、氛围及时间的特点要求而构成了与众不同的体裁，凸现、强化了年画的功能性和环境的装饰性。

传统民居室内环境的界面中，年画以多样的体裁占据了视觉几乎所有停顿之处，除了厅堂正房屏壁处的贡笺、中堂、对屏和屏条外，还有绘制戏出、花卉、娃娃、山水等内容的“横三裁”“竖三裁”，通常粘贴于炕头墙上；标示农时节令、裨于农事的历画，以《九九消寒图》《春牛图》《廿四节气图》等种类为主。通常印有二十四节气的灶神贴在灶间，其他张贴于室内门边，以便随时查阅。

民间年画之于室内环境，可谓分门别类，各得其所，不同体裁、内容和形式的年画布置贴饰于不同的室内、界面和方位上，既“花团锦簇”，又秩序井然，且寓意明确。如四川绵竹年画中门神有大毛、二毛和三毛之分，用以张贴不同房舍的门户。大毛（土纸全开）贴于大门上，以威武门神为主；二毛（略小）以加冠、晋爵、如意、状元等内容的年画布置于堂屋门扉上；三毛（最小）以童子美人为主，张悬于卧室门上。层层递进，颇有意味。

由于自然条件、地理环境和风俗习惯的差异，各地区在布置年画的体裁和民居室内的方位上也不尽相同。以北方农村为例，广大的北方地区民居，建筑材料大都以土坯泥砖为主，窗牖深厚，所以窗旁（立三裁）就为点缀两边墙侧的年画；至于炕围，顾名思义，就是以故事为表现内容的、贴于沿炕三面墙上的年画，边尾四周又以花纹装饰，既使炕床形态获得整体感，又有效防护墙体对被褥的磨损；此外，北方民居室内近炕头处习凿壁龛，内置灯烛、方畚、针线等器用什物，毛方子悬贴在外，遮挡、防尘、美观三宜。概言之，民间年画的普及使用，营造和渲染了传统民居室内亲切、祥和、美好和温馨的环境和氛围。

清代晋中如榆次、祁县、太谷、平遥以及灵石等地的深宅大院中亦有众多彩绘实例。从形制、构成和纹饰看，受到汉纹锦纺织孑遗、清代宫式和苏式彩绘的多方面影响。在斗拱翼拱等构件上呈汉纹绵发展而来的三蓝三绿大金青彩绘和小金青彩绘等，在榆次常家、太谷曹家大院的厅堂梁架上饰有近似苏式包袱彩绘的构图，包袱内有牡丹、翎毛、竹石等，包袱外缘以曲线纹组成，并且用黑白灰作退晕处理，举凡檩、垫板、枋等大多以浅绿色涂饰；在祁县乔家大院厅堂的天花吊顶上，通常以木框（上髹黑色或绿色）成方格攒接限定，四边或饰花卉，或饰蝴蝶，或以其他几何纹饰装饰环绕，居中圆形芯内画有佛手花篮、孤翁垂钓、松下读书、菊花牡丹、岁寒三友、琴棋书画、荷花小鸟、葡萄金鱼、鸟栖树梢等，也有在浅边黑底上饰几何形花卉图案或万字形图案等，题材与形式十分丰富，程式化较弱，绘制工艺上不如旋子或苏式精细和严密。

晋中一带的大院宅邸室内墙围上，通常以黑底金色绘制松下童子、花卉翎毛之类，上端以三条金线辅之以花卉图案纹饰，沉郁高古；在外窗楣上，也饰有黑底金线图案，居中包袱用浅赭色打底，绘有人物故事等，窗格外侧髹黑，内侧涂绿，与住宅色调相一致。

清代徽州民居厅堂彩绘图案更加多样和自由，既有用锦纹加字纹构成大型几何效果者（屏山有庆堂），也有以蝴蝶兰草花卉等形成自由式者（宏村树人堂、敬修堂、芦村思成堂），既有万纹与八角形图案作底，上面穿插绘饰硕大的如钟形、圆形的“包袱”（宏村承志堂），更有回纹底加自由式“包袱”的行吾素轩（南屏村）等。从色彩看，清代徽州民居楼板彩绘大致可分两类，一类以白、黄、土、赭等暖色为主，边框为白、蓝、黑色（线）构成；另一类用白、浅蓝和细赭线等冷色构成，边框为白、黑及蓝线，总体上都具有较好的折光度，借以提高底楼敞厅偏于幽暗的照明；在彩绘的题材上，增加了诸如蝴蝶虫草和器物形象如钟、罐瓶等，表现手法趋于自由、随意、多样和丰富，不拘一格。尤其在边框中间，还添加了类似苏式彩绘中枋心画面，表现风景、人物等题材。

与北方传统民居彩绘处所有所区别的是，南方空气湿润，雨天较多，因此，徽州彩绘大多集中在室内。此外，在江西、福建、广东等地厅堂的梁檩及枋、柱、斗、撑木、撑拱、雀替上做金饰装饰，与木雕图案融为一体。比较突出的是泉州厅堂彩饰，梁枋棋身正面黑漆，底面及勾线涂红漆，黑柱黑槅扇，红漆勾勒边框，局部点金装饰，在梁枋黑漆底上勾画池子及花草，色彩极其强烈而具有瑰丽的装饰意匠。

受泉州、潮州和梅县等大陆闽、粤彩绘的影响，以及彩绘师傅的陆续入台，台湾地区的众多建筑上留下了他们许多作品，如台中社口大夫第（1875，1878）、潭子摘星山庄（1876）等。

二、印染织绣与室内陈设

在传统民居室内空间和陈设中，织物所覆盖、占据和使用的面积仅次于或接近于家具器物的空间和面积。《红楼梦》第六回有荣国府堂屋中的织物陈设的一段描写：“只见门外錾铜钩上悬着大红撒花软帘，南窗下是炕，炕上大红毡条，靠东边板壁立着一个锁子锦靠背与一个引枕，铺着金心绿闪缎大坐褥……”这里庶几为织物构成的环境和陈设世界。从使用方面看，染织物主要由被褥帐幔、门帘窗纱、桌围炕围、椅披坐靠椅垫、各类艺毯（地毯、壁毯、炕毯、帘毯、蒙古包毯）、卷轴挂幛，包括与架等构件组合运用而成的纺织品，以及各种呈独立状的装饰类织物艺术，如刺绣品等。

织物依附性和变异性的形态特性，显示了它具有较强的适用性，能够适应多种用途、多种形体的变异。因此，织物的形态，较多的是在功能的变化中呈示和完成的。

总的来看，织物在传统民居室内空间和陈设中，其功能和用途主要集中在以下数方面：

（一）柔化空间

居、府邸等建筑室内，面咸为硬质材料构成。木料、竹篱、泥土等。

染织物之间不同的质感差异和对比，与建筑实体、构件、设备、器具的质感肌理对比等，在调整坚硬粗硕和冷漠的硬性材质构筑的空间中，具有独特的、无可替代的功效。同时，织物又以其自身素质的依附性和变异性，含蓄而自然地完成弱化、柔化硬性空间的进程。

（二）限定空间领域

充分运用帷幔、帘帐、织物屏风、糊纱隔断等分隔空间，使之具备“隔”而不断、空间幽深的景深效果和多重层次。一则强化了空间的层次，二则限定了不同的空间领域，具有较大的灵活性和可控性。可以说，此类处理手法是中国传统室内设计中颇具成效的常用手段。

中古时期及之前，传统建筑室内的分隔，也以绢素等织物制成的布幛界分为二。近人陈师曾说：“唐时房屋之建筑，如今日本式，上楹相通，欲区一室为二，则用幛子幛于中间……大都因一大幅，幔于木框，两面作画，有以之于屋之一者……”。看来，诗圣杜甫的山水幛子诗不意竟成为幛子（壁）演绎成书画载体的佐证了。

（三）创造空间

室内地面或炕面上，有无地毯或炕毯，在人的心理感觉上是不同的。也就是说，一块地毯或炕毯铺设在地面或炕面上，因地毯的图案、纹样、质地、大小、形状、色彩乃至编织形态，往往在视觉和心理上自然形成不同的空间领域感，地毯或炕毯上方的空间周围，往往构成活动单元区域，形成心理空间、象征空间或自发空间。

（四）丰富空间

织物的色彩和图案等，是室内陈设整体的一部分，受到空间整体的支配和制约，反过来，织物又具有较大的灵活性和自主性。较大面积的染织物，均会影响室内空间和陈设的总体倾向，甚至改变室内气氛而成为室内视觉停顿和趣味中心。比如艺毯与墙面结

合，幛子代替中堂画等。

此外，织物尚有保温、抗寒、防潮和吸音等功能，这方面艺毯尤为突出。

中国自古以来就是纺织大国，丝绸之路享誉寰宇。古代织物的类别，可谓品类繁多，交相辉映，不同时期、不同地区也各有侧重或不同。一般说来有丝织（锦、绫、绮、罗、纱、绢、缣、缟、纨、绸、缎）、棉织（标布、扣布、稀布、番布、丁娘子布、尤墩布、衲布、云布、锦布、斜纹布、紫色布）、麻织（麻布、纻布、苎布、葛布、蕉布）和毛织（毡、罽壁毯、地毯）等大类，工艺上分别为印、染、刺、绣、编、织、栽等工艺。

中国传统民间染织业多种多样，十分丰富。无论是新疆木板印花布、山东彩印花布、江南蓝印花布，还是云南大理周城的扎染，贵州安顺、广西壮族瑶族的蜡染，湘鄂黔土家族几何形编织挑花布，以及广西壮族的斑布、柳布、壮人布等壮锦和云南的傣锦，都富有地域性和民族特色，深受广大黎民百姓的欢迎而广泛使用。山东彩印花布，色彩浓郁、艳丽和热烈，常运用于门帘、窗帘帐檐、枕顶、褥面、桌围、炕围、椅垫等处。其图案组织，大致有折枝散花、团花、二方连续、四方连续和单独适合纹样等数种。印制中，运用极少几种纯净的色彩概括表现众多不同的形象。通常先用紫、黑色刷印由小圆孔或短线构成图案轮廓的主版，然后由浅至深刷印黄、红、绿等色，这些色彩分成许多小块面，较为均匀地分散四处，又相互重叠，既保持了色彩的纯度，又互相呼应，使布面色彩效果对比强烈与平衡协调共存，堪为高强度对抗而相摩相荡，互渗其间。如若两色需接叠时，一般取晕染法，先后印上不同间色的深浅色，使纷呈的异彩具备了和谐统一的基调。

第八章 中国传统文化在现代家具设计中的延续与创新

第一节 从传统“道”文化出发的家具设计探索

一、天有时

一切事物的存在都是有其基础和规则的。每个事物有每个事物存在的道理。如果一个事物的存在没有其存在的道理，那么就不存在这个事物。这就是中国文化中所谓的“有物有则”的机制。

《周礼·考工记》这本著作针对木材的描写有这样的一段：“天有时，地有气，材有美。”也就是说，要想寻到好的木材，就要有一定的前提和基础，即“天有时，地有气”。它们分别对时间和空间进行了强调。

古人相信“天时”是成功的重要因素。从周朝开始流行这种“时间”的概念，一直到今天。另外，无论是过去还是现在，许多哲学家和知识分子都对此做了明确的阐述：

例如，《考工记·总叙》中有这样的描述：“天有时以生，有时以杀；草木有时以生，有时以死……此天时也。”

庄子认为，“安时顺命”，要注重按时间做事，遵守命运规律，不强迫，不违法。

之后，孔子对《易》的思想进行了融会，对《易》的“时变”观进行了继承。因此，我们当今能够看到孔子思想的内在基础——对“时”的把握。并且，孟子说：“孔子，圣之时者也。”（《孟子·万章下》）孟子认为孔子本人最大的特色就在于能够对“天时”准备把握。

对于“天时”的重要性，宋代宰相吕蒙正则说得更加明确：“天不得时，日月无光；地不得时，草木不长；人不得时，利运不通。”也就是说，即便是事物本身有着良好的状态，如果没有“时”，也不能成功。

由此可以看出，“天时”的重要性。古人对“天时”的深度关注，对中国文化产生了深远的影响，他们也在生活中无处不在地实践着这种哲学。

《黄帝内经》是中国传统医学中最重要的经典，它强调“法于阴阳，合于术数”。其中，“法于阴阳”是前提。没有这个机会的共鸣效果，技能就不能自由使用。例如，针灸，同样的穴位，为什么对有些人是无效的？因为时机不对。如果不打开穴位，就给针，效果可以忽略不计。就像与人交流，没有共同感兴趣的话题一样，它几乎没有效果。现代中医中的针灸和穴位是造成这种常见疾病的原因。

此外，古人在用木生火的时候也很注重时间和季节——古代月令（《礼记·月令》《逸周书·月令》等）对四时用什么样的木头生火有不同的规定，称之为“改火”。例如，春天生火用榆柳，夏天生火用杏、枣，秋天生火用柞栖，冬天生火用槐檀。这同样也是孟子“以时入林”思想的中心内容。

同样，我们现如今的饮食也有着这样的一个规律：吃“季节性”蔬菜是一个原则，几千年来一直保持不变。

因此，《考工记》提出的选材必须以其时间为依据，如“弓人就是弓”。六种材料必须根据其时间选择等，这有其文化背景。这是他选材思想保持旺盛生命力的基础。

《考工记》强调了“天有时”的时间观念，“天有时”有两种含义：第一种，在合适的时间里选材（即使是同一棵树，其材料在春、夏、秋、冬的不同季节也不同）。第二种，时间充足。“天有时以生，有时以杀；草木有时以生，有时以死，石有时以泐；水有时以凝，有时以泽；此天时也。”——可以看出，充足的时间和必要的运气是任何事情得以完成和不可或缺的必要先决条件。

因为时间的距离有助于审美的感觉，使结果更令人满意，这即为古代人所谓的“事缓则圆”。对此，智者有远见。老子说：“动之徐生。”事物的成长是一个慢速而渐进的过程。想象一下，长时间一步就能完成的事情在哪里？无论人或事，“物暴长者必夭折”的含义是只要这个事物的生长速度过快，就很难长久保存下来。那么，生长速度较慢的珍贵木材有哪些呢？鸡翅木的生长时间为150~200年。黄花梨的生长时间大约为300年。而红木每长3厘米厚就需要约100年，生长时间约为800年，甚至几千年。我国古时候的圣人贤士，对此都有着类似的认识。孔子认为，“欲速则不达”。老子认为，“大器晚成”。庄子说：“但是世界上所有伟大的事物都是‘美成在久’”……诚哉，圣人斯言！《考工记》给了我们一个相当贤明的认知——顺天应时。

二、地有气

在材料选择方面，古人不光对时间有一定的要求，对木材的生长环境也是特别注重。即便是材料相同，生长时间也相同，其生长的环境对使用的质量也有一定的影响。《考工记·总叙》有着这样的描述：“燕之角、荆之干、妢胡之笴、吴粤之金锡，此材之美者也。”可见，不同材料有其各自最适宜的生长环境。例如，中药。中医特别重视其来源，由于其部位不同，其内质也不同，疗效也不同。像枸杞一样，宁夏是第一选择，而其他地方则是第二选择。此外，煮沸中药时，在阳光照射时间长、大地充满气体、药力丰富的新疆，以红枣和葡萄为主要引种材料。许多树也可以用作药物。如《本草纲目》中记载了黄花梨的香气：其木材具有益气活血的作用。止痛，止血。对于腹痛、肝郁、强迫症疼痛、胸痹刺痛、跌伤，是一种很好的镇痛剂。黄花梨是家具选材中的一个重要品种，首选海南地区的黄花梨，越南的黄花梨相对差一些。

三、材有美

当“天有时、地有气”都具备了之后，才会出现质地精良的“材有美”。美材，是传世器物的重要基础保证。

关于这一点，在《周礼·考工记》“百工之事”中就有更为细致的描述。并且，其中对具体器物在选材、设计以及制作标准方面都有着具体而规范的描述。它也成为传统家具制作的普遍共识。

中国传统家具研究的泰斗王世襄先生在其巨著《明式家具研究》中指出：“考究的明及清前期家具，多用贵重的硬性木材。它们大多质地致密坚实，色泽沉穆雅静，花纹生动瑰丽。有的硬度稍差，纹理仍甚美观。”

那么，在中国传统家具尤其是明式家具的木材选择中，究竟是如何体现“材美”的呢?

传统家具的用材选择性较多，如北魏的贾思勰在其《齐民要术·槐柳楸梓梧柞》中就说：“凡为家具者，前件木皆所宜种。”

但考究的明式家具用材，通常从木材的资源稀有性、生长周期、物理性能、外观纹理、图案审美、加工性能等综合功能角度来选取。在这个基础上，就基本形成了以材质适宜，色泽华美，纹理自然典雅的黄花梨、紫檀、鸡翅木、铁力木、桢楠木等“文木”为主要原料的选材。

史料中，有很多关于“文木”的记载：

《庄子·人间世》：“若将比予於文木邪？”郭象注：“凡可用之木为文木。”不可用之木，为“不材之木”——“以为舟则沉，为棺椁则速腐，以为器则速毁，以为门户则液樠，以为柱则蠹。”

晋代葛洪《西京杂记》之《文木赋》（卷六）：“鲁恭王得文木一枚，伐以为器，意甚玩之。”

唐代玄奘《大唐西域记·婆罗痆斯国》：“大城中天祠二十所，层台祠宇，雕石文木，茂林相荫，清流交带。”

明代朱之蕃有诗曰：“文木裁成体直方，高斋时半校书郎。”

项元汴是明代著名的书画家、收藏家、鉴赏家。他所收藏的法书名画曾极一时之盛，著有《蕉窗九录》；刊有《天籁阁帖》。他在《清仪阁杂咏》中就记载了两件家具，一件是“天籁阁书案”，乃是项元汴的家藏，上钤项氏两方印。原文是：“天籁阁书案，高二尺二寸三分，纵一尺九寸，横两尺八寸六分，文木为心，梨木为边，右二印曰项，曰墨林山人，左一印曰项元汴字子京。”

中国自古以来就有着物以载文、文以载道、道在器中的观念。这也是“文木”称谓形成的文化思维背景。自明中期之后，又出现了“红木”之谓，并基本上取代了“文木”之称。

据《古玩指南》介绍：“凡木为红色者均可谓之红木。惟世俗所谓红木者，乃系木之一种专名词，非指红色木言也。”并指出：“红木产自云南。叶长椭圆形，白花，花五瓣。木质甚坚，色红。木质之佳，除紫檀外当以红木为最，不过产量甚多，得之较易，故世人视之不若紫檀之宝贵也。”由此可知，红木是当前国内家具市场对一类特定树种商品材约定俗成的统称的名称，而不是在对树木进行分类时定的一种树种的名称。人们只不过是把木质坚硬、色泽呈紫红色、上蜡打磨后见油红光亮的木材称为红木而已。如酸枝、花梨等。

国家质量技术监督局发布了红木标准，以对红木名称起到规范的作用，指出了33个树种可以称为红木，分别为花梨木、黑酸枝木、乌木、鸡翅木、紫檀木、香枝木、红酸枝木、条纹乌木8类，隶属于紫檀属、黄檀属、柿属、崖豆属及铁刀木属5个属。

紫檀属和黄檀属是红木品种中重要的两种，并且大部分来自东南亚、拉丁美洲和热带非洲。其基本特征是：木材黄褐色至紫红色，结构细，密度大。例如，紫檀木的心材就是呈红色或紫红色，边材呈浅褐色；黄花梨的心材是红褐至紫色，常带深色条纹；红酸木的心材是红褐色至紫红色；鸡翅木的心材是黑褐或栗褐色，弦面有鸡翅花纹；香枝木的心材是红褐色等。其中，酸枝木、黄花梨和紫檀并列为明清时期宫廷的三种专用木材。除国家规定的红木树种之外，其他木材所制作的家具都不能称为红木家具。

第二节 “智”造家具背后的文化寓意

什么样的文化土壤和政治背景造就了中国传统家具的辉煌？本部分试图从中国多元文化思潮的角度来追溯和理解传统家具的演变。

一、中国“智”造

中国智慧的完美体现为中国传统家具。中国智慧是中国人理解和表达道的一种方式。

因此，掌握中国智慧，获得“道”的人，必须理解“天、地、人”的完美结合，才能达到“天人合一”的境界。这种人是古人所说的“知者”，其实就是掌握“道”的人。它创造的东西必定符合自然规律。

在古代，“知”和“智”都是假话，“知者”是智者，即智者。这种纵横填字游戏在春秋时期非常普遍。例如，《庄子》中的“大知”是指有大智慧的人。这些都是中国智慧的表现。

在漫长的历史发展过程中，中国智慧形成了稳定的中国文化形态。其包含的内容很丰富，如思想观念、价值取向、生活方式、科技、思维方式、道德情操、风俗礼仪、文化教育等内容。它不仅是先贤们为我们贡献的精神财富和思想文化形式，也是中国人民生存和发展的精神力量和文化源泉。

可以这样说，中国传统文化中处处体现着中国的智慧。

说到这一点，我们需要正确理解：何谓传统？何谓文化？虽然我们对这四个字很熟悉，但它们在理解和描写上往往是矛盾的。

传统——传是时间的传播和延续；统是空间的集中和凝聚。因为它已经通过了时间的考验，传统的东西是活的、好的、最有生命力的。

文化——文是事物形成、发展和变化的象征，又叫作文象。例如，天文学、地理学和水文学是日月、山川、河流、湖泊和海洋变化的标志，也是天地形成的艺术和科学。我们现在知道的“理”是基于文学形象，这是从天地继承来的——世人观天地之文，而存天地之情；存天地之情，而达万物之理。这就是理性的本质。化是指一切事物的生长和变化，其过程称为“化”。万物变化，这是一个深不可测的世界。这是人类的一个深刻真理，是地球上万物的化生。

“文化”一词是以人为本和文化导向的。人文，正如我们通常所说，以人见文，文本中看到人，看到逻辑和理性，也就是自然的规则和规律。因此，人文精神是智慧的表现，是休息和生活的基础。

文化指的是行为、关系、物质、系统等。一切都是未经加工的肉。除非用香料调味，否则肉本身是不好吃的。由此可见，如果一切都是高尚的，就必须有文化的渗透。这个正面已经渗透到自身，有着崇高的根基。几千年来，中华文化的精髓和魅力深深植根于人们的精神和生活之中。人与人不同的原因在于文化的渗透程度。

因此，我们也知道，作为世界文化遗产的一部分——中国传统家具，由于长期而深入地渗透着由世界高贵根源形成的文化，已经得到了世界的认可。

中国文化认为，形而上者谓之道，形而下者谓之器。(《易经》) 中国传统家具的出现，既是技术的产物，也是“道的统一”的产物。

中国已经在2000多年前就说明了这一点。《匿礼·考工记》将向公众开放，强调传统工匠“百工”的重要性：“国有六职，百工与居一焉……知者创物，巧者述之守之，

世谓之工。百工之事，皆圣人之作也。”含义为：传统家具不是普通人所能做到的，是由“知者”创造的，即中国的智造！

聪明人创造了这些文物，巧妙的人根据这本书制作了它，并代代相传，这就是：传统在前，继承在后。传承的基础为传统，传承保障传统的延续。传统的东西必须传承下去，并且思想文化必须渗透。这是一个必然的前提。

椅子和凳子，这些家具都将中国人的智慧、信念和情感蕴含其中。因此，中国传统家具，已经发展成为文化、哲学、美学的杰作。这在世界上是非常罕见的！尤其是明式家具的出现，更是迎合了所有中华文化的荣光与智慧。

虽说现在处处可见传统家具，一些历史悠久的家具甚至在拍卖界已达到新的高度。但是，受现实诸多因素的影响，它的原始崇高已逐渐瓦解。对于传统的中国神器，我们如何才能在知识、智慧、想象力、审美习惯、思想、创造力和文化习俗的基础上，恢复我们的阐释能力，使之焕发生机？这是一个急需解决的问题。

二、道在器中

中国文化认为，“形而上者谓之道，形而下者谓之器。”“形”是指表现形式，“上、下”是相对于地位、作用而言的。形而上的“道”处于主动和支配地位，形而下的“器”处于被动和从属地位。

换句话说，“道”是器物的灵魂。无论是人还是物，只有“道在器中”，才能使器物充满生机、精神、价值和内涵，才能超越器物本身的价值，才能清新持久。这就是“道在器中”的含义。

它不仅是中国传统思想中形而上学“道”对形而下学“器”的规定，而且是中国古代“造物为良”思想的核心体现。

在所有的意识形态中，易学思想是所有创造性思想的核心。

易学是中国传统文化的源头。它对阴阳观念和辩证思维有所强调。老子在《道德经》中说：“道可道，非常道，名可名，非常名。”这个“道”可以说，但又说不清楚。而《易经》对此这样解释：“一阴一阳之谓道。”注意这个“一”不是数字，而是动词，意思是“因此”。也就是说，“所以阴”“所以阳”的循环过程称为“道”。简单地说，这是春、夏、秋、冬、阴晴圆缺、生老病死的自然规律。

孔子所谓的：父母之年，不可不知也，一则以喜，一则以惧。(《论语·里仁》)高兴的是他们的父母又长一岁了；害怕的是他们的父母更接近死亡了。一阳一阴两个心态同时并存于自然法则中，这就是“一阴一阳之谓道”的表现。

中国的阴阳概念涉及中国文化体系的方方面面。甚至人们讲话的声音也有阴阳之分，即男声为阳，女声为阴。所以，对于一些语气就可以用“阴阳怪气”来表述。在地理上，规定山的南侧为阳，山的北侧为阴，水的北侧设置为阳，水的南侧设置为阴。因此，中国许多城市的名称与景观有直接关系。例如，衡阳、岳阳、沈阳、益阳、江阴、华阴、汤阴等。其中，衡阳由于位于衡山的南部，由此而得名。在植物学中，树木也被分为阴阳两种：见光的一面叫树阳，而见不到光的是树阴——“阳也者，稹理而坚；阴也者，疏理而柔。”(《考工记》)

所有这些介绍都是“一阴一阳之谓道”规律的无声铺陈。

这种阴阳观念在中国传统家具生产中体现得很明显——传统家具是“一阴一阳之谓道”的产物。无处不在的阴阳，不仅是“道在器中”的表现，更是道持久芳香的保证。

纵观历史，任何生物都要有一个鲜活的灵魂。

榫卯结构是中国传统家具的灵魂，它是传统家具制造中最吸引人的方面，也是智造的体现。

传统家具在近代被称为国粹，是中国的文化遗产。那是因为它与榫卯结构关系最为密切，整套传统家具甚至整栋建筑都不使用任何金属，但在长期使用、自然磨损甚至经历自然灾害的情况下，仍然可以使用数百年甚至数千年。

例如，报恩寺——位于四川平武城中东北角，于明正统五年（1440年）建立，由于受到了强烈的自然灾害，寺庙中的土制建筑受到严重的损害，但木制建筑却是完好的。

报恩寺是一组全木结构的大型建筑群，占地面积为2.5公顷左右。它的中心是重檐歇山顶的大雄宝殿。其屋顶形式多种多样：单檐悬山式、重檐歇山式、卷棚顶、歇山式、攒尖顶等。斗拱风格简单，寺内有20多种斗拱，被古建筑专家称为“斗拱的摇篮”。所有的柱、梁、椽、额、枋、檩等木构件都是用珍贵的楠木构造成的。从古到今，鸟不栖、虫不蛀、不结蛛网的奇观层出不穷。被中外古建筑专家誉为“明初罕见之遗物”“独具匠心之杰作”。

它的许多建筑保留了宋式的传统——有一个清晰的“侧脚”和“生起”；角科部分用木雕的“角神”支撑着旧的角落横梁。特别是为了满足抵御自然灾害的要求，该结构采用了多种独特的处理方法，特别是将方形中心做成矩形截面，纵横交叉处紧密啮合，加强了整体自然灾害建筑物的防护效果。因此，这座报恩寺已经建成了四百多年，尽管发生过多次自然灾害，仍保持完整。

从报恩寺的建筑结构上不难发现，报恩寺被誉为“斗拱的摇篮”，拱的标准组成部分是力传递的中介。它均匀地保持屋檐的重量。它起着平衡和稳定的作用。此外，这种榫卯结构在寺庙的建筑中具有多方面的表现形式。这是报恩寺在强烈自然灾害后仍能保持稳定的重要原因。

自古以来，“道”就是世上不变的原则。器物可以保存很长一段时间，而且必须有一定的方法——道在器中。

那么，榫卯结构中的“道”是什么？这应该从榫眼结构开始论起。

在传统的实木家具中，榫卯结构通常在两个或两个以上的连接构件上采用凹凸接合的方法。凸出部分称为榫或榫头；凹部称为卯或榫槽、卯眼。其中，榫是“剡木入窍也”，卯则是“凡剡木相入，以盈入虚谓之榫。以虚入盈谓之卯”，所以就有了“榫头卯”的说法。榫卯结构已有7000多年的历史，在其他木、竹、石等器物中也很常见。榫卯造型是我国传统家具造型的主要结构形式，也是不同于西方家具的主要特征。由于其具有不同的做法和不同的应用范围，其类型也会不同。

根据结构协作进行分类，大致可分为三种类型：第一种是面与面的接合，两条边的拼合，或面与边的交接构合。第二种是作为一个“点”的结构方法。主要用于作横竖材丁字结合，成角结合，交叉结合，以及直材和弧形材的伸延接合。第三种是将三个构件组合一起并相互联结的构造方法。这种方法除运用以上的一些榫卯联合结构外，均是一些更为复杂和特殊的做法。

不管采用哪种方法，它们都有一些共性。它们在每件家具上都具有物理结构的“关节”效果。关节是人类进行正常生活活动的基本前提。人没有关节就不能动。人体需要运动以保持稳定。这种矛盾是通过特殊的关节结构实现的。

榫卯结构是中国家具的独特传统，也是古人智慧的结晶。人体关节不规则，榫卯关节也不规则。这种一凹一凸，一盈一空，是一阴一阳的结合，是“一阴一阳之谓道”思想的表现。中国人知道的这个“道”隐藏在传统家具中。在生产中，它是器具稳定性和耐用性的必然保证，也是“道在器中”的生动表现。

如果只有榫没有卯，或者是只有卯没有榫，就像只有阴没有阳，或者只有阳没有阴，这些器物就不会长久稳定——因为：孤阳不生，孤阴不长！

这种榫卯结构中的阴阳特征所体现的中国易学哲学思想，不仅是传统木制品的灵魂，也是传统家具的强大生命力。“一阴一阳之谓道”。道是无敌的，道是神圣的。榫卯结构是道与器结合的产物。它也成为世界家具史上最受尊敬的技术发明之一。

夹头榫是案形结体家具中最常用的一种榫卯结构。四足在顶端出榫，其结合于案面的底面卯眼。腿足的上端要开口，嵌夹牙条牙头，因此其外观腿足比牙头要高。这种结构，四足夹住牙条，连接成方框，上承案面，使案面和腿足的角度不易变动，并能很好地把案面的重量传递到四足上来，稳定牢固。

挖烟袋锅榫，通常被运用在椅的扶手、椅腿及靠背各木件的结合部位上，由一阴一阳的榫卯拼合形成。

传统家具的制作工艺中，除了榫卯结构体现着“一阴一阳之谓道”的理念之外。“打洼”也是如此，其是明清时期的家具工艺的一种术语，是将家具线脚起阳线而又有凹化处理的（又叫作减底）一种工艺技术，称为“打洼”。这一阳一阴、一凹一凸的工艺，就是“一阴一阳之谓道”的具体体现。

它提醒人们，生活不可能如此充实，必然会出现短缺。因此，为了能够主动调整自己的情绪，必须知道如何收回自己，不要太尴尬，也不要单独行动。它在自我教育中发挥了作用。

此外，传统家具中的空心木雕装饰技术在椅子和其他物体上具有男女的区别，也是“一阴一阳”理念的体现。

北宋五子之著名易学家邵雍的名句：“从来一物有一身，一身还有一乾坤。”

这个“乾坤”就是“一阴一阳之谓道”的道体，这一物之身中的乾坤，就是“道在器中”的呈现。

这种思想体系从古至今就一直贯穿在器物的制作过程中。如《考工记・弓人》说：“凡斩毂之道，必矩其阴阳。阳也者，稹理而坚；阴也者，疏理而柔。”“弓人为弓……凡相干，欲赤黑而阳声，赤黑则乡心，阳声则远根。凡析干射远者用埶，射深者用直。”“角欲青白而丰末……丰末也者，柔之征也。”其中所强调的阴阳、柔刚既是造物为良的重要前提，也是道从器生的无声呈现。

《考工记》还记载：“轸之方也，以象地也，盖之圜也，以象天也。轮辐三十，以象日月也……”从这个历史事物中可以知道，器物是可以象征天圆地方、日月星辰的！

古人对天地的诠释，用乾坤来做津梁。其中，把乾作为天，把坤作为地。把乾作为天，作为一个代表和谐智慧的上帝，代表着无尽的生命。把坤作为地，代表宽容和规范，代表和谐与幸福。天圆地方是提醒自己——在做事时，必须能够拥有圆融无碍的智慧，并能够以脚踏实地的方式并按照规则来实践，以便生活可以和谐安全。在此基础上，它将更加繁荣，世界将持续很长一段时间，然后它将能够达到“从心所欲不逾矩”的圣徒王国。

在中国古代，中国传统文物的建构生动地体现了这种强化阴阳、天地、圆方的易学文化理念。

例如，故宫四面各有一扇门，门都是拱形的，象征着“天圆”；整个建筑的形状，以及地面上的砖块都是方状的，象征着“地方”。其内部还另有乾清宫和坤宁宫，乾清宫属阳，是皇帝居住的地方；坤宁宫属阴，是皇后居住的地方。

中国的四合院也是天圆地方学说的典型代表。在小方形庭院中，有一个圆形月亮门或一个圆形游泳池，这是为了实践天圆地方的概念。

“天圆地方”的理念，不仅影响建筑，同时也融入了传统家具之中——圈椅在明代时期的家具中，是一种最经典的制式。它就是结合方圆、承天象地的造型，上面圆下面方，以圆为主旋律，圆的意思是圆满、和谐、动感，是幸福的象征；方的意思是稳健、宁静、规矩，是平安的象征。因此，圈椅的上圆下方诠释着圆满、平安、动静、虚实、阴阳平衡的哲理。加之椅圈的端头顺圆势略向外转，作“鳝鱼头”式浑圆处理，像张开的双臂，善意地提醒着主人要有虚怀若谷、海纳百川的磊落心胸。可见，在圈椅构造中，“道器相依”与“道在器中”的理念都得到了神妙完美的体现。

传统家具的功能不仅用作日常家具，更重要的是，它能帮助改善形体，挺拔身姿。坐在圈椅上，再没有坐相的人，也不得不规规矩矩地坐着。这种秩序感不可动摇地扎根于中国人的骨子里，它反映了中国气质的培养。

这是由餐具中携带的“道”的濡染效果引起的。

特别值得一提的是，古代创造的核心原则是要求物体能够承载道——器以载道是创造的最基本要求。

与此同时，这种“道”隐藏在器中，也不时提醒我们：作为一个人，不能辜负传统文化教育。因为每个人都应该是载道之器。

第三节　书房设计中的文化气息与传统精神

一、古代书房

生活中的一切都有吸收和转化能量的能力。特别是空间环境——有一条无形的能量链在我们看不见的身体中通过我们的神经传播，并与我们遇到的人和事物的能量相连，从而无形地对我们产生一定的影响。

这就是古人所说的“地久方知地有权”——长期停留在空间，同一条船上的东西，人与天，能量互感，人都受到空间的限制。这是由于“天人合一”的规律，一切都遵守着这样的规律。

古人说，天地间凡事物皆有其法则、规律，就是“有物有则”——即使是书房的陈设，也如理如法。其事倍功半或事半功倍的效果，令人辗转相随，无法僭越。

在明代，书房已成为文人休闲生活的主要场所。它的家具模式已经在历史上被讨论过了，但比较有名的描述以明代戏曲家高濂（史载：其能诗文，兼通医理，擅养生。旁及藏书、赏画、论字、侍香、度曲等，情趣多样）所述最为精致——《高子书斋说》（高濂）：“书斋宜明净，不可太敞，明净可爽心神，宏敞则伤目力。……斋中长桌一，古砚一，旧古铜水注一，旧窑笔格一，斑竹笔筒一，旧窑笔洗一，糊斗一，水中丞一，铜石镇纸一。左置榻床一，榻下滚脚凳一，床头小几一，上置古铜花尊或哥窑定瓶一。花时则插花盈瓶，以集香气；闲时置蒲石于上，收朝露以清目。或置鼎炉一，用烧印篆清香。冬置暖炉一。壁间挂古琴一，中置几一，如吴中云林几。式佳。壁间悬画一。书箧中画惟二品。山水为上，花木次之，禽鸟人物不与也。或奉名画山水云霞中，神佛像亦可。名贤字幅，以诗句清雅者，可共事。上奉乌思藏锴金佛一，或倭漆龛，或花梨木龛以居之。上用小石盆一，或灵璧应石，将乐石，昆山石，大不过五六寸，而天然奇怪，透漏瘦削，无斧凿痕者为佳。……几外炉一，花瓶一，匙箸一，香盒一，四者等差远甚，惟博雅者择之。……坐列吴兴笋凳六，禅椅一。拂尘、搔背、棕帚各一，竹铁如意一，右书架一。”

高濂笔下的这一隅之地，盈盈趣趣，令人神驰不已。这样的书房，就是在今天，也是令人向往的——“无事此静坐，一日如两日，若活七十年，便是百四十。”

通过高濂对书房内部陈设物的描述中，我们可以推想出明代文士书房陈设的大概样貌。

然而，“万籁虽参差，适我无非新”，由于历史的变迁，时代的流转，书房之陈设，也随之辗转。

那么，适用于今人的、有物有则的书房该是什么样的呢？

二、现代书房

（一）空间

从古至今，中国人就非常关注房屋的气氛和氛围。懂得依靠布局和装饰来衬托空间的特点和文韵。要想了解一个人的文化底蕴来看其家庭就可以了。现在我们生活在这样一个多元化的环境中，被各种各样的信息所包围，各种电子产品成为生活中不可缺少的物品，计算机的普及和广泛应用，使人们的学习、工作和生活质量改变了并有所提高，它们已经基本走进了每个家庭。一般来说，在居住空间允许的情况下，人们会指定一个专门的学习和工作区域。书房设计一般遵循静、明、雅、序四字原则。

1. 静

作为一个以学习和工作为导向的空间，它也可以作为朋友们交流的小的私人场所。首先要保持安静，只有安静的空间才能让人们学习得更好。墙面设计可以采用一些特殊的装饰材料，而地板则可以采用吸声效果较好的地毯进行处理，可以达到良好的隔音效果。

2. 明

应提供更好的照明。白天，我们应该保证明亮的阳光照射到房间里供人们阅读和学习。在晚上，我们应该设计和安装照明，以满足学习的需要。

3. 雅

作为一个修身养性的地方，书房不应该在设计上虚华烦琐。书房的内部布局应避免过多华丽的色调和奢华的装饰。简单朴素的装饰搭配适当错落的绿色植物可以达到很好的效果。

4. 序

家具的布置在书房里是很重要的。书柜的设计应根据不同书籍的种类进行分类，调整隔板的高度和数量。空间布局可分为写作区、阅读区和存储区，以提高工作和学习效率。

（二）家具

书桌是书房布置的重点，其摆放位置直接影响书房的功能使用和区域的划分，并可根据主人的需求选择尺寸和颜色。书柜，在信息丰富的电子网络时代，大多数家庭的藏书量都减少了很多。书柜不仅可以用来收藏书籍，还可以用来储藏收藏品。书柜可以与书桌一字摆放，也可以与书桌垂直放置，或者两者都可以连成一体，形成一个读书兼写字的区域。除了上述家具，还可以根据主人的喜好摆放、沙发等家具。闲暇时，可以邀请一两个朋友聊聊诗画。

（三）植物

植物适合放置在门口或桌子上，房间的东南部也是一个不错的选择。

植物的选择是：充满活力，密集，如竹子等；禁忌有刺、露根的植物。有刺者，是非难平；露根者，令人被动。

另外，插花要求点到为止，不可到处乱用，应该从总体环境气氛考虑才能称得上点睛之笔。

（四）水景

水景的规划设计包括如下流程：

1. 位置的选择

室内水景的布置要选择光线比较明亮，空间比较宽敞的地方。需要注意的是，水景的位置要与电器设备保持一定距离，以免发生意外。

2. 容器的选择

容器的形式各式各样，都可以灵活地运用到水景容器的制作中去。

3. 水生动植物的选择

水生植物种类繁多，是室内水景观赏植物中重要的组成部分。常用的书房水景配置的水生植物有挺水植物、浮水植物和沉水植物。在水生动物上一般选择观赏鱼。

（五）斋名

斋名也就是书房的名称，其由主人特定的心态来决定。书房的名称既体现了主人的情感和抱负，更重要的是起着励志和标榜作用。

每个人的书房，都应该有一个由衷的斋名，从而可以斋心养气。

（六）匾联

古人的书房常挂有匾联，其所昭文字，往往映射着主人内在的志向与情趣。

（七）挂画

书房通常需要凸显强烈而浓厚的文化氛围，书房内的挂画应选择静谧、素淡、优雅的风格，以营造一种愉快的阅读氛围，并衬托出“宁静致远”的意境。可以用书法、山水、风景等内容的挂画对书房进行装饰，也可以选择主人喜欢的特殊题材。此外，主题抽象的挂图可以充分展现主人的独特品位和意识。

（八）静与净

1. 静

安静是指安静的空间环境。

安静是书房的第一要素。静是书房生命有机循环的基础。

2. 净

净有两层含义：一层是指书房空间的净；另一层是指精神空间的净。

（1）书房空间的净。

书房不仅要求卫生方面的洁净，还要求把与读书无关的物品尽可能地清除。

空间如同人体一样。空间中的废物就相当于是身体中的废物。废物存放时间越久，就越具有稳定的气场和能量。它继续成长，当它长大时，它在我们的心中就是拔不出来的了。在这一点上，那些坏结果将随之而来。

（2）精神空间的净。

只有一个人处于素净的状态时，才会与道相合。

因为书房是人们学习、陶冶情操的地方。因此，对书籍的排放也有要求。一一摆放的书籍不仅要经常使用，而且要能够颐养慧命。有很多书房，虽然摆放的书籍十分广泛，但它们大多是无用之书，人与书之间，无情而无意义，资源白白浪费。这些书房的主人往往有许多高远的计划，却难以实现。

这是一方水土养育着一方人民。这水和土，包括看得见的和看不见的空间。书房本身好比物理空间，而书籍内容好比无形空间。因此，书房陈列的书籍内容应健康、深刻、清晰。

对于书房里的书，我们要的是质量，而不是数量；我们要的是优化，而不是矮化。

（九）色彩与心理

书房是我们进行工作和学习的场所，所以对书房进行一些巧妙的色彩搭配可以使办公和学习的效率有所提高。

至于书房的色彩，我们应该尽量采用冷色系。有句老话：“心静自然凉”，那倒过来想，环境凉了，心不也自然静了吗？在室内设计中，运用冷色来降温视觉，可以简单有效地达到降温环境、平和人心的目的。实验还证明，在冷色系的房间里工作，可以让人平静下来，迅速投入学习和工作中去。同时，借鉴色彩联想，如蓝色、绿色等色彩，可以使人联想到天空、海洋、大自然、植物等，从而给人带来清凉、清新、平静等感受。此外，绿色对视力有保护作用。由于在学习和工作中大量消耗视力，长时间的伏案工作容易引起眼睛疲劳。绿色可以缓解这种疲劳，起到保护眼睛和养眼的作用。

就书房的明度来说，我们应该尽量使用亮度稍高的色彩。我们知道，同一色调的色彩，如果相对亮度较高，会显得更亮，而亮度较低的色彩会显得更暗。对于用于学习和工作的书房来说，如果环境太暗，会使我们在心理上感到压抑，在生理上更会对我们的视力造成一定的损害，对健康有一定的影响。如果我们使用鲜艳的颜色，可以使我们的身心得到放松，并有助于促进我们的思考。还需要注意的是，研究要求光线是均匀的、稳定的、亮度适中的，所以我们不能选择太多明亮的颜色。跳跃和炫目的色彩容易混淆视觉，扰乱思维，引起人们在学习中的视觉疲劳，对人们的工作和学习效率产生一些影响。办公桌采用亮黄色，可以有效地集中注意力，强化逻辑思维。窗帘采用透光性好、明度较高的布，可以引入室外的自然光，与室内色彩融为一体，使空间的生机和活力有所增加。

就书房的色彩饱和度而言，我们可以根据书房主人的喜好选择不同饱和度的色彩。饱和度越高的色彩，从视觉上，我们会感觉到它更鲜艳，能够起到愉悦心情，增强动力的作用；而饱和度较低的色彩，则会偏灰暗，这有利于营造一个温和自然的学习工作环境。如果使用者的工作本身较为严肃平淡，则可以根据使用者的需求与喜好，考虑较为鲜艳的色彩，以提高工作的积极性，例如少量的橙黄色、翠绿色、大红色等，但不宜大面积使用，若加入过多的色彩，尤其是对比色等，会降低书房的高级感与沉静感，显得过于华丽，不利于使用者集中注意力；若使用者工作压力较大，需要一个能舒缓压力的、轻松的环境，则更适宜使用饱和度较低的色彩，营造沉静、舒适的氛围。

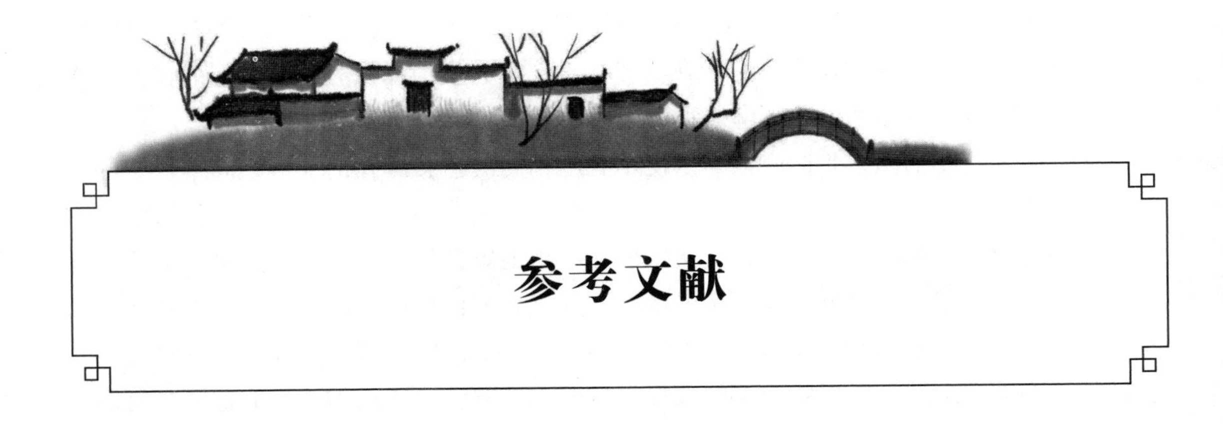

参考文献

[1] 苏楠，蒲春花，林振国 . 环境艺术设计概论 [M]. 上海：上海交通大学出版社，2022.

[2] 陈艳云 . 环境艺术设计理论与应用 [M]. 昆明：云南美术出版社，2022.

[3] 范蓓，盛楠，白颖 . 环境艺术设计原理 [M]. 武汉：华中科技大学出版社，2021.

[4] 邵新然 . 环境艺术设计基础与实践研究 [M]. 北京：中国纺织出版社，2021.

[5] 飞新花 . 环境艺术设计理论与应用研究 [M]. 长春：吉林大学出版社，2021.

[6] 张振 . 环境艺术设计多维思考与美学应用 [M]. 长春：吉林美术出版社，2021.

[7] 张立丽，唐海波 . 绿色低碳理念下的环境艺术设计与实践新探 [M]. 长春：吉林出版集团股份有限公司，2021.

[8] 晁新姣，张思佳 . 信息时代环境艺术设计与传统文化的融合发展研究 [M]. 哈尔滨：北方文艺出版社，2021.

[9] 王旭，刘照然 . 多维视角下的环境艺术设计与装饰研究 [M]. 长春：吉林文史出版社，2021.

[10] 孙磊 . 环境设计美学 [M]. 重庆：重庆大学出版社，2021.

[11] 马骅龙，付丽娜 . 生态学视角下的环境设计探索 [M]. 长春：吉林文史出版社，2021.

[12] 张星，李菊梅 . 中华优秀传统文化视野中的艺术、设计与非遗 [M]. 昆明：云南大学出版社有限责任公司，2021.

[13] 姬喆，蔡启芬，张晓宁 . 中国传统文化元素与艺术设计实践 [M]. 长春：吉林文史出版社，2021.

[14] 陈媛媛 . 环境艺术设计原理与技法研究 [M]. 长春：吉林美术出版社，2020.

[15] 黄超 . 中国传统美学与环境艺术设计 [M]. 长春：吉林人民出版社，2020.

[16] 郑新军，林慧，高志强 . 环境艺术设计概论 [M]. 上海：上海科学普及出版社，2020.

[17] 黄旭穰，王栋 . 环境艺术设计与美学理论 [M]. 长春：吉林科学技术出版社，

2020.

[18] 蒋晓红 . 室内环境艺术设计研究 [M]. 长春：吉林出版集团股份有限公司，2020.

[19] 刘博，王卓 . 环境艺术设计与创新实践研究 [M]. 长春：吉林美术出版社，2020.

[20] 李颖 . 环境艺术设计与室内空间设计 [M]. 长春：吉林美术出版社，2020.

[21] 夏青 . 环境艺术设计中的色彩构成探究 [M]. 长春：吉林美术出版社，2020.

[22] 钟文琪 . 建筑设计与环境规划艺术 [M]. 长春：吉林美术出版社，2020.

[23] 杜航 . 室内设计艺术与环境优化 [M]. 长春：吉林美术出版社，2020.

[24] 罗媛媛 . 环境艺术设计创新实践研究 [M]. 北京：现代出版社，2019.

[25] 水源，甘露 . 环境艺术设计基础与表现研究 [M]. 北京：北京工业大学出版社，2019.

[26] 俞洁 . 环境艺术设计理论和实践研究 [M]. 北京：北京工业大学出版社，2019.

[27] 孟晓军 . 基于多维领域环境艺术设计 [M]. 长春：吉林美术出版社，2019.

[28] 李佳蔚，赵颖 . 当代城市环境艺术设计的系统性研究 [M]. 沈阳：沈阳出版社，2019.

[29] 林巧琴 . 基于审美视角下建筑环境艺术设计研究 [M]. 北京：北京工业大学出版社，2019.

[30] 杨晨光 . 人体工学视阈下建筑环境艺术设计研究 [M]. 北京：北京工业大学出版社，2019.

[31] 李永慧 . 环境艺术与艺术设计 [M]. 长春：吉林出版集团股份有限公司，2019.

[32] 鲍诗度 . 中国环境艺术设计 [M]. 北京：中国建筑工业出版社，2019.

[33] 王志鸿 . 环境艺术设计概论 [M]. 北京：中国电力出版社，2019.

[34] 傅方煜 . 环境艺术设计与审美特征 [M]. 长春：吉林出版集团股份有限公司，2019.

[35] 李松 . 生态环境艺术设计的思维与表现 [M]. 哈尔滨：东北林业大学出版社，2019.

[36] 唐铭崧 . 环境艺术设计方法及实践应用研究 [M]. 北京：中国原子能出版社，2019.

[37] 赵佳薇 . 现代商业空间环境艺术设计与创新 [M]. 北京：中国商务出版社，2019.